都市の空閑地空き家を考える

浅見 泰司 編著

PROGRES
プログレス

まえがき

　本書は，都市内における空閑地や空き家の問題について，多角的な観点から論じ，今後の空閑地や空き家に関する都市政策の方向性に資することをねらっている。

　空閑地とは，宅地でありながら建物を建てていない土地である。都心部から郊外部まで，空閑地は存在している。空閑地には緑地など非建蔽地として積極的に利用されるもの，次の土地利用を待つ暫定的な利用形態であるもの，需要が低く利用がなされていないものなどがある。その社会的なメリット，デメリットは，その土地自体の利用の仕方だけでなく，周辺の利用の仕方にも依存する。他方，空き家は居住世帯のいない住宅のうち，賃貸や売却のために空いている住宅，別荘などの二次的住宅，廃屋などのその他の空き家などをいう。

　空閑地にしろ，空き家にしろ，しっかりと管理されていれば，その悪影響も限定的である。しかし，今後人口減少社会に入ると，所有者が管理しきれない空閑地や空き家が増加する懸念があり，そのマネジメントは社会全体として考えねばならない重要な問題になりつつある。

　このような背景から，『Evaluation』誌（プログレス発行）のNo.50で「都市内の空閑地問題を考える」，No.52で「都市内の空き家問題を考える」と題する特集を行った。本書は，特集で掲載された原稿を加筆修正して所収したものである。

　本書の第1部では空閑地の問題について論じる。ここでは，都市内の空閑地に付随する問題を総括した上で，生物多様性，密集市街地，農的利用，レジリエンス，都市財政，デザインなどの観点から考察し，最後に空閑地を活かした

市街地像を提唱している。第2部では空き家の問題について論じる。ここでは，都市内の空き家に付随する問題を総括した上で，統計に表れる空き家問題，市場機能との関係，空き家についての都市・住宅政策，マンションの空き住戸問題，海外事例について述べる。

　本書をもとに，空閑地や空き家の問題に関する議論が触発され，今後の有効な対処策が実現されていくことを切に願うものである。

　本書を刊行するにあたり，プログレスの野々内邦夫氏には，『Evaluation』誌の特集も含め，大変お世話になった。ここに記して謝意を表したい。

2014年8月11日

浅 見 泰 司

●目　次●

第1部＊都市の空閑地を考える

空閑地の都市問題
―周辺の土地利用といかに有効に連携させるか………………［浅見　泰司］

1. はじめに──・3
2. 空閑地の役割──・4
3. 空閑地の空間的な問題点―近隣への影響──・5
4. 空閑地の空間的な問題点―広域への影響──・7
5. 空閑地の時間的な問題点──・9
6. 空閑地の有効利用──・10
7. おわりに──・12

空閑地・空き家と生物多様性
―野生動物と人間生活が重複する空間をどう考えるか………［浅田　正彦／寺田　徹］

1. はじめに──・14
2. 都市に暮らす野生動物──・15
3. 野生動物の棲みかとしての都市──・16
4. 生物多様性保全に寄与する空閑地──・18
5. 都市における人間と動物の軋轢──・19

6．在来生態系に与える影響————————・21
    7．おわりに————————・22

空閑地と密集市街地 ……………………………………………[山口 幹幸]

    1．大都市における空閑地————————・26
    2．密集市街地における空閑地とは————————・27
    3．東京における木造住宅密集市街地の現状————————・28
    4．空閑地の効用とその活用————————・29
    5．空閑地を活かした防災都市づくり————————・32
    6．木造住宅密集市街地の土地利用の改編————————・34
    7．容積移転を実現するスキーム————————・35
    8．経済再生の機会をとらえた木造住宅密集市街地の整備————————・37
    9．容積移転等に公的団体の活用を————————・38
    10．成長戦略等の機会をとらえた木造住宅密集市街地の整備————————・39

空閑地の農的活用事例と
住宅地の「安全・安心」への貢献の可能性 ………[雨宮 護]

    1．空閑地の農的活用への期待————————・41
    2．高齢者による空閑地の市民農園化の事例————————・42
    3．新たな農の確立を目指した「ちょい農」の実験————————・45
    4．空閑地の農的活用と住宅地の「安全・安心」————————・49

都市のレジリエンスを高める
空閑地の活用事例 ……………………………………………[阪井 暖子]

    1．はじめに―「都市のレジリエンス」と空閑地————————・56
    2．「社会変化」，「災害・減災」に対応した空閑地活用事例————————・57

3．空閑地の暫定利用事例——————・65

4．おわりに——————・71

空閑地と都市財政
　　——修正すべき相続税などの税制の歪み……………………………［瀬下　博之］

1．はじめに——————・75

2．空閑地と都市財政——————・77

3．地方都市の空閑地の発生要因——————・79

4．郊外部の空閑地と都市財政——————・81

5．中心部の空閑地——————・83

6．空閑地の有効利用と税制——————・86

7．おわりに——————・87

戸建住宅地における空閑地のデザイン
　　——「縮んで増やす」ための模索……………………………［吉田　友彦］

1．はじめに——————・90

2．戸建住宅地の空き地率はどのくらいか——————・91

3．敷地外で想定される駐車場の割合——————・93

4．戸建住宅地における2区画統合販売のデザイン——————・95

5．戸建住宅地における空閑地デザインの考え方
　　——その1：高ビルトアップ率の場合——————・98

6．戸建住宅地における空閑地デザインの考え方
　　——その2：低ビルトアップ率の場合——————・100

7．「縮んで増やす」戸建住宅地——————・101

空閑地を活かした都市の未来像
―新たなガーデンシティの形成に向けて……………………………………[横張 真]

1. 都市の空洞化──── ・103
2. 都市構造の変化パターン──── ・104
3. 様々な変化パターンとオープンスペース──── ・105
4. 暫定空閑地の緑地利用──── ・106
5. 「農」のある街──── ・108
6. 新たなガーデンシティの形成にむけて──── ・109

第2部＊都市の空き家を考える

空き家の都市問題………………………………………[浅見 泰司]

1. はじめに──── ・115
2. 空き家把握の難しさ──── ・116
3. 空き家の存在意義──── ・117
4. 空き家の問題点──── ・118
5. 制度上の歪み──── ・119
6. 空き家のコミュニティ管理──── ・120
7. 空き家の有効利用──── ・121
8. 空き家と応急仮設住宅──── ・122
9. 空き家対策──── ・122
10. おわりに──── ・123

空き家の現状と課題
　—マクロデータとケーススタディを通じて見えてきたもの ····[石坂 公一/冨永 麻倫]

1. はじめに ───── ・125
2. 住宅・土地統計調査データを用いた分析 ───── ・126
3. 今後の空き家数の予測可能性と課題 ───── ・130
4. 自治体レベルでの対策に見る空き家の実態 ───── ・132
5. 空き家条例が対象とする空き家の実態 ───── ・134
6. 条例の運用による空き家対策の実態 ───── ・135
7. 空き家対策の広がりと今後 ───── ・137

空き家ゾンビを如何に退治したら良いのか？
　—市場機能の強化と放置住宅の解消 ···················[清水 千弘]

1. はじめに ───── ・139
2. 空き家とは？ ───── ・140
3. 空き家問題と賃貸住宅市場 ───── ・143
4. 空き家は「資源」か，「ゴミ」か？
　　—「放置住宅」の解消方法 ───── ・145
5. 結論—空き家問題は解決できるのか？ ───── ・150

空き家と住宅政策 ························[平山 洋介]

1. はじめに—不足から余剰へ ───── ・154
2. 空き家の実態 ───── ・155
3. 政策形成の枠組み ───── ・157
4. 新築重視からの脱却 ───── ・158
5. ストック市場の形成 ───── ・159

6．空き家対策と自治体──────・*160*
7．空き家除却の強制──────・*161*
8．空き家除却の誘導──────・*162*
9．空き家利用の促進──────・*163*
10．おわりに─住宅政策の再構築に向けて──────・*165*

マンションにおける空き家予防と活用，計画的解消のために　　［齊藤 広子］

1．はじめに──────・*167*
2．「使えるマンション」の空き家の予防──────・*168*
3．空き家の利用──────・*173*
4．マンションの終焉としての計画的解消の必要性──────・*176*
5．おわりに─これから必要なこと──────・*182*

住宅政策と空き家問題　　［周藤 利一］

1．はじめに──────・*186*
2．空き家の現状──────・*187*
3．空き家対策の現状──────・*191*
4．今後の空き家対策のあり方──────・*202*

空き家問題と地域・都市政策　　［山口 幹幸］

1．増え続ける空き家──────・*211*
2．空き家問題とは──────・*212*
3．空き家対策の現状と課題──────・*212*
4．空き家問題への新たな対応──────・*217*

5．地域・都市政策からの発想————————・226

老朽マンションにおける空き住戸問題
──旭化成不動産レジデンス㈱のマンション建替えの事例に見る
　建替え前のマンションの実態……………………………………［大木　祐悟］

1．はじめに————————・230
2．老朽マンションにおける空き住戸の実態について————————・231
3．建物が老朽化した理由————————・236
4．建物の社会的老朽化について————————・238
5．耐震性の問題————————・239
6．マンション再生から見た賃借人の問題————————・240
7．ストックを有効に利用するために————————・242

わが国の空き家問題（＝地域の空洞化）を克服するために──ドイツの実例に学ぶ……………………［野呂瀬秀樹］

1．プロローグ————————・244
2．空き家問題克服の道すじ──ドイツの先例————————・246
3．空き家問題の克服に向けて──日本への応用————————・251
4．エピローグ──2013年12月ドイツ事情————————・258

《執筆者一覧(掲載順)》

浅見　泰司（東京大学大学院 工学系研究科 都市工学専攻 教授）
浅田　正彦（合同会社 AMAC）
寺田　徹（東京大学大学院 新領域創成科学研究科 自然環境学専攻 助教）
山口　幹幸（大成建設株式会社 建築本部 理事［元・東京都 都市整備局 部長］）
雨宮　護（筑波大学 システム情報系社会工学域 准教授）
阪井　暖子（国土交通省 国土交通政策研究所 研究官）
瀬下　博之（専修大学 商学部 教授）
吉田　友彦（立命館大学 政策科学部 教授）
横張　真（東京大学大学院 工学系研究科 教授）
石坂　公一（東北大学 災害科学国際研究所 都市再生計画技術分野 教授）
冨永　麻倫（株式会社アール・アイ・エー）
清水　千弘（麗澤大学 経済学部 教授／ブリティッシュコロンビア大学 経済学部 客員教授）
平山　洋介（神戸大学大学院 人間発達環境学研究科 教授）
齊藤　広子（明海大学 不動産学部 教授）
周藤　利一（明海大学 不動産学部 講師）
大木　祐悟（旭化成不動産レジデンス株式会社 開発営業本部 マンション建替え研究所 主任研究員）
野呂瀬秀樹（株式会社ハウスメイトパートナーズ 参事／不動産鑑定士）

第1部

都市の空閑地を考える

空閑地の都市問題
―周辺の土地利用といかに有効に連携させるか―

東京大学大学院 工学系研究科 都市工学専攻 教授
浅 見 泰 司

1. はじめに

　日本の総人口は減少基調に入っており，世帯数も近々に減少に転ずる。これは，宅地需要が減少することを意味している。宅地需要が減少すれば，都市部においても，非建蔽地や非利用地が増加することになる。そこで本章では，宅地でありながら建物を建てていない土地を空閑地と呼び，空閑地の問題を考えてみたい。なお，全く使われていない単なる空き地だけではなく若干の利用はなされているものも空閑地に含める。都市部でもこのような空閑地は増えつつある。この増えていく空閑地に対して都市政策としてどのように対処していくかが，今後大きな都市問題となるだろう。

　空閑地は，必ずしも市街地にとって悪い存在ではない。実際，密集市街地では，むしろいかに空閑地を生み出して，延焼危険性を低減し，通風・採光を高めて住環境を改善できるかが課題となっている。そのような地区では，むしろ積極的に空閑地を生み出す必要もある。

　市街地には都市的な土地利用を支えるための様々な公共インフラが整備されている。そのため，空閑地の存在は，本来は都市的な活動を意図して整備され

たインフラが十分に活用されていないという非効率性を生み出す可能性がある。少量の空閑地であればあまり大きな問題ではない。しかし，計画の意図に反してそれが大量に発生してしまうと非効率性が大きくなってしまう。特に，今後，都市が縮小していくことが予想される中，無秩序に空閑地が発生すると，都市のインフラの維持管理が大きな負担となって都市運営にのしかかる懸念がある。このため，空閑地は今後の都市政策でコントロールされていかねばならない重要な対象となる。なお，市街地の非効率な利用という意味では，近年増えてきている空き家の問題も重要である。しかし，それは第2部で論じることとし，ここでは空閑地の問題に限定する。

2. 空閑地の役割

　そもそも空閑地の都市問題とは何だろうか。これを的確に捉えるためには，空閑地の存在が都市に与える影響を考えねばならない。空閑地は都市にはある程度は必要なものであり，空閑地の存在による都市へのメリットも存在する。

　空閑地の影響は，空間的な影響と時間的な影響に分かれる。さらに，空間的な影響としては，近隣に与える影響と広域的な影響がある。

　空閑地の近隣に与える影響としては，直接的な近隣への環境影響がある。プラスの効果としては，空閑地が存在することによる住環境性能の向上がある。たとえば，日照・採光・通風の確保がしやすくなる，延焼危険が緩和される，インフラへの過大負担が軽減される，他の建物との離隔距離をとることができ，視線が遠くなり，騒音伝達が軽減されるなどにより互いの干渉が軽減されるなどの効果がありうる。また，開放感が向上し，快適性が上がることもありうる。また，水面や植物の存在により，特に夏期などにおけるヒートアイランド現象が軽減される効果もある。このように，小さいスケールで見たときには，空閑地は近隣の住環境の向上に対して一定の役割を担う可能性がある。実際，東京

における容積率計画において，空閑地の量は都市内の総延床面積とほぼ同量にするよう意図したことが，山田（1961）にも書かれている。

空閑地は広域的な観点からも重視されている。たとえば，大ロンドン計画におけるグリーンベルトの考え方は，大都市を計画する際に大きな参考とされた。日本でも，首都圏整備計画などで，その実現を期していた。ただし，現実には開発圧力によって，次々と緑地帯は失われ，近郊緑地保全区域としてわずかに残されているだけになっている。

空閑地は時間的な経過の中でもその存在意義を見いだすことができる。たとえば，都市が変容する際に，更地に戻る例が多々ある。これは，次の土地利用に備えて，以前の建物を撤去することで形成される。また，都市内に若干の空地が残っていることは，新たな土地利用の受け皿となることができるために，都市の更新活力の保持という意味でも重要と考えられる。事実，大谷（1979）はその著書『空地の思想』の中で，未知な土地利用ニーズに応えられると空地を積極的に評価している。これは，都市計画の立案者がすべてを見通すことはできないという限界をわきまえた上で，計画の想定外の対処を可能にする柔軟な都市づくりを表明したものと理解できる。

3. 空閑地の空間的な問題点——近隣への影響

過密解消という意味で空閑地は，周辺にプラスになる可能性はあるが，場合によってはマイナスの効果もある。ここではそのようなマイナスの効果について考えてみたい。

空閑地は空き地を提供するが，他方で，建物の連続性の途切れとなる。そのため，連続していることに価値があるような土地利用に対してはマイナスの効果がある。たとえば，商店街は商店が連続して建ち並ぶことで，短距離を歩くことでより多くの商業施設を見ることができ，訪問者に効率的に購買機会を提

供するものである．そのため，空閑地があると，その部分は不連続となり，無駄な歩行を購買者に負わせることとなる．また，空閑地が多くなってしまうと，視覚的にも連続した商店街という印象を低めてしまう．実際，様々な自治体で，商店街において，建て替える際にも1階を極力商店にするようにガイドラインを出しているのはこのためである．もちろん，商店街の空閑地が一概に悪いとは言えない．買い物に飽きた客が休める広場や客を呼び寄せるイベント広場として適当な量があるならば，むしろ周辺の商店にもプラスの効果をもたらす．ただ，空閑地の所有者がそのような利用を許容するとは限らず，次の開発待ちの空閑地であるとすれば，広場としての整備をしないことも多い．

　住宅地においても，空閑地が多く存在することはマイナスになる．戸建住宅の場合に，隣地が空閑地で誰でもが自由に入れる空間となっている場合は，セキュリティ面で懸念が生じる．隣が住宅の方が，限られた人だけが利用する空間であるために安心である．事実，Gao and Asami（2001）の分析によれば，分析対象地域において，敷地規模が大きい戸建住宅の場合には隣地が公園であると不動産価格が減ってしまう．このことは，空閑地の存在が周辺にマイナスの効果をもたらす外部不経済効果を持つことを示している．端的には，夜道を歩くときに住宅が建ち並んだ場所と空き地も多い住宅地とどちらがより安心感を持てるかという比較で，感覚的にも理解できるだろう．何らかの忌避される要因があれば，それは不動産の価値の減少にもつながる．

　空閑地の中でも，大きな問題があると思われるのが，管理放棄された空閑地であろう．たとえば，所有者が近隣におらず，土地だけがある場合には，その管理は滞りがちになる．そもそも空閑地は，駐車場や農地のように空閑地としての積極的な利用をしていない限り，次の利用形態を待っている状態であり，その保有についてはなるべく費用をかけたくないというのが，所有者の気持ちである．そのため，空閑地の管理のために多くの費用をかけることは通常はありえない．

　管理放棄されると，雑草が生い茂り，いかにも荒れた地区という印象を周辺

にもたらすかもしれない．さらにやっかいな問題は，本来は入り込めない土地でありながら，それを「不法に」使う人が現れる可能性があることである．たとえば，子供が遊び場として入り込むというのは容易に想像できる．管理されていなければ，たとえば，ガラスの破片や釘が打たれた木材など不意の怪我の原因になりかねないものが放置されている可能性がある．また，古家があれば不審者が入り込むということもありうる．実際，逃亡者が逃げ込んでいたというような事例もある．さらに，管理されていないことが明らかだと，場合によっては不法投棄地にもなりかねない．こうなると，廃棄物による汚染や景観阻害の懸念があり，かつ地域の荒廃したイメージによって，地域の不動産価値も大きく損なわれる．

　管理放棄地がやっかいなのは，周辺がその存在に迷惑を受けていたとしても，そして，その迷惑の原因が物理的に簡単に解決できるものであるとしても，所有権・利用権が所有者ないし利用権者にあるために，周辺住民が手を出せないことである．本来は外部不経済性が顕著な土地については，所有者に管理を義務づけ，それが履行できないならば，外部不経済性の原因物を除去できる権利を周辺地区の住人に与えても良いはずである．現行の法令では，土地は所有者のものであり，暗黙の仮定として，所有者が適切に利用することを想定しているために，このような措置をとることが難しい．

4. 空閑地の空間的な問題点——広域への影響

　空閑地の存在による周辺への影響とは別に，より広い地域に対する影響がある．そもそも宅地は，都市的な活動を支えるために，道路を敷設し，電気・ガス・上下水道などの基本的なインフラを整備して初めて宅地として供給される．したがって，それが空閑地となったとしても，それらの公共的なサービスの基盤は整備されている．実際には利用していないインフラも，いつでも利用

できるように整備されているという意味で，社会的な費用がかかっている。にもかかわらず，使っていないために利用料は支払われない，あるいは建物固定資産税という形では税が支払われないために，空閑地の所有者の負担が軽減されていることとなる。つまりは，権利を確保しつつも，その負担は過小であるという状態になるという意味で，都市部における空閑地の存在は社会的にマイナスになる。さらに，その地で有効利用していないだけでなく，そこが空閑地となる分，さらに都市の外延部に追加で利用せざるを得なくなっている可能性がある。これは，インフラ整備のための追加投資を余儀なくされ，社会的費用を増大させる。このように，空閑地が存在すると，その分，都市インフラの運営が非効率になる。これが積もり積もって，都市の運営に大きな負担になることも想定される。

　現在，都市政策としてコンパクトな都市への誘導が課題となっている。その大きな理由が，このような非効率性をもたらす空閑地の存在である。同じに空閑地として放置されるならば，よりインフラ整備が少ない土地を空閑地にした方が社会的に効率的な空間構造が確保できる。ところが，そのためには，既存の建物などの除却再築や権利変換などが必要で，それらの費用や手間を考えると，容易に進む話ではない。

　そもそもこのような空閑地の問題は，空閑地にしておくことの社会的な費用をその所有者から適切に徴収できていないという点にある。本来，インフラサービスを考えれば，利用していなくても利用できるように準備した分の費用は負担すべきであるし，また，混雑税の議論と同様に，その存在によって生じる社会的な費用の増加分は負担するべきこととなる。ところが，公共料金体系は必ずしもそのような意味で適切には設定されておらず，また，徴税においても固定資産税の仕組みは財産税という考え方をとっているので，低未利用なほど，税負担は小さいこととなってしまう。その結果，空閑地においては社会的な費用に見合った費用負担が不十分になるという構造的な欠陥が生じている。

　今後のコンパクトな市街地を目指すという観点からは，場所に応じた社会的

な費用の負担のあり方を根本的に見直す必要がある。

5. 空閑地の時間的な問題点

　民間の空閑地では，公園などのように空閑地として恒久的に利用するものは少なく，将来の土地利用に備えた空地である場合が多い。このうち，次の土地利用が決まっていて，単に事業待ちの土地であるケースもある。たとえば，戸建住宅の建替えでは，前の住宅を解体して整地し，それから新規の住宅の建設にとりかかる。このような空閑地は土地利用の更新に不可欠な空閑地であり，ほとんど都市問題とはならない。再開発事業や区画整理事業の場合には，多くの地権者との権利調整や事業自体の長期化により，戸建住宅の建替えの場合よりは長期に空閑地になっていることがある。都心部などの場合には，単純に空閑地にしておくことはもったいないために，時間貸しの駐車場などに暫定利用していることが多々ある。時間貸しの駐車場は，そのための投資金額が少額ですみ，かつ，借地借家法の影響を受けないので，その返還手続きも容易に行えることから，しばしば見られる利用形態である。事業管理がしっかりとなされていれば，そのような土地利用もあくまで定められた期間の暫定利用であるために，さほどの問題とはならない。

　それに対して，やや深刻なのは，当面の土地利用が定まっていない空閑地の問題である。近年，地方都市の都心部でも，当面の土地利用が定まっていないまま，いつでもコンバージョンが可能なように，時間貸しの駐車場のような利用が多く見られるところがある。本来は，地方都市においては顔となるべき地区において，駐車場だけが広範に広がることは，都市の運営上もあまり好ましいものではない。

　このような終期未確定なままの空閑地の存在は，潜在的に都市の社会的な価値を大きく下げている可能性がある。20年なり30年というように，空閑地と

して残っている時間が明確にわかっていれば，その期間に応じて適切な事業をすることができる。しかし，それが不定だと，いつでもやめることができるよう短期的な利用しかすることができず，実際に空閑地として存在している期間においては，最適な利用形態とはならない可能性がある。これにより隠れた非効率性が発生する可能性がある。特に，高度利用圧力が高い土地では，その機会費用は大きいものと推察される。

暫定的に空閑地を持つこと自体は，前出の『空地の思想』でも論じられているように，プラスの面もある。実際，Akita and Fujita (1982) は，都市の成長過程において，空閑地があることで将来の有効な土地利用を実現できるようになり，長期的に見れば，空閑地が存在する方が効率的な土地利用につながることを示している。このように，将来の利用を見越した暫定的空閑地という存在は，むしろ積極的に計画されるべき存在であるとも言える。ただ，同じモデルを縮小過程にある都市に適用する場合には，空閑地の存在は役割を変えてしまう。都市拡大過程では，空閑地は，将来の高度利用にコンバージョンする費用が小さい土地であるからこそ意味があった。ところが縮小過程では，高度な利用の需要がなくなって，もしくは老朽化して，より低度な利用に転換していかねばならない。その過程で低度な利用の究極な姿として空閑地を考えた場合には，今後恒久的に空閑地であり続けることとなる。そのため，コンバージョン費用が安いという要素はあまり重要ではなくなってしまう。むしろ，高度建物利用から低度建物利用への転換費用が高いために，高度建物利用のまましばらく残置されることとなり，転換費用の高い低度建物利用になるのではなく，一足飛びに空閑地になるという可能性が出てくる。

6. 空閑地の有効利用

単独での空閑地の利用形態を考えるだけでは，今後増加すると思われる空閑

地の問題を完全に解決することは難しそうである。そこで，本節では，空閑地を周辺の土地利用と有機的に連携させて有効利用できないかを考えてみたい。

前節の最後で考えた都市の縮小過程における最適土地利用のあり方で，高度建物利用，低度建物利用，空閑地という3つで考えた場合には，土地利用転換費用が建物利用では高価である場合には，高度建物利用→低度建物利用→空閑地という通常想定される遷移過程とは異なり，引き延ばした高度建物利用→空閑地という遷移がありうることを述べた。

しかし，よく考えてみると，低度建物利用とは通常は低密度な利用形態であり，高度建物利用と空閑地の組み合わせで達成される密度とあまり変わらない可能性もある。その意味では，低度建物利用の代替としての高度建物利用と空閑地という組み合わせがうまく機能すれば良いということになる。このことは，空閑地を周辺の土地利用と連携させることで，やや低密度な最適な土地利用形態の代替となる可能性を示唆している。

たとえば，高度建物利用として共同住宅，低度建物利用として戸建住宅を想定してみる。戸建住宅では，個別に庭をとることができ，自然環境にも恵まれた生活を享受できる。共同住宅では，接地性は確保されないものの，隣接して空閑地があれば，それを個人庭として使うこともできるだろう。つまり，戸建住宅と共同住宅の中間形態の居住形態として，共同住宅と個別庭の確保という利用形態をとりうることとなる。これを上手に空間的にデザインすることで，新たな魅力を持つ住宅地を創造することができるかもしれない。その延長上に，たとえば，個別の家庭菜園を配した共同住宅（ないし，高密度戸建住宅地）という組み合わせもありうる。

住宅地の中には，十分な需要がなくて生活サービス施設を立地することが難しい地域もある。そのような地域に空閑地を積極的に配置し，日替わりで様々な住民サービスを提供する日曜市のような仕組みを構築することもできるかもしれない。時間シェア型の土地利用はこれまで積極的にとらえられることが少なく，また，都市計画においても主な利用形態としては想定していない。しか

し，今後，低密度な住宅地が増えてくるとすれば，巡回型の生活サービスをもっと積極的に進めることがあっても良い。そのような機会の提供の場としては，住宅地の中にあるまとまった空閑地こそが適地となる。

空閑地は使われていないことによるマイナス面があるが，他方で，周辺にとって有効に使える可能性がある土地という意味では，潜在的にプラス面もある。そのような土地の有効な利用の仕方を可能にするために，土地に関する制度の整備も広げていく必要があるだろう。

7. おわりに

本章では，宅地でありながら建物を建てていない土地である土地として空閑地をとらえ，空閑地の存在意義と問題点を述べた。

空閑地が存在すると，近隣に対して日照・通風の確保，延焼危険の緩和，開放感の向上など住環境性能を高める可能性がある。また，広域的にもある程度まとまった緑地の存在が必要であるということで，従来から緑地の保存もなされてきている。また，新たな土地利用を受け止める空間として，空閑地の役割もある。

他方で，空閑地の存在は社会的にマイナス面もある。空間的な連続性の途絶，治安面での懸念，特に管理が不十分な空閑地は周辺に対するマイナス面も大きい。これに対する制度の整備もまだ十分とは言えない。空閑地の存在は，その利用をしていないというだけでなく，潜在的に立地できた利用を外に追いやっているという意味でも，社会的な費用を増大させている。その意味で，空閑地は都市マネジメントにもマイナスとなり得るのである。また，空閑地はしばしば暫定的な空地とみられるが，実際にはいつまでの暫定かが不明確なため，有効に利用できていないという非効率性も発生する。

以上の問題に対処するには，空閑地をその土地だけの利用形態の問題と考え

るのではなく，むしろ，周辺の土地利用といかに有効に連携させるかという視点から，空閑地を捉え直すことが有効であると思われる．都市アメニティとしての農的な利用，様々なサービス拠点としての空閑地というように，空閑地を積極的に地域資源と捉え，周辺の住民に活用してもらえる仕組みづくりが，空閑地の都市問題を解決していく大きな方向性であろう．

〈参考文献〉

Akita, T. and M. Fujita (1982), "Spatial Development Processes with Renewal in a Growing City", *Environment and Planning A*, 14 (2), pp.205-223

Gao, X. and Y. Asami (2001), "The External Effects of Local Attributes on Living Environment in Detached Residential Blocks", *Urban Studies*, 38, pp.487-505

大谷幸夫（1979），『空地の思想』北斗出版

山田正男（1961），「大都市における自動車交通需要よりみた都市構成論：特に東京都における都市高速道路ならびに街路計画への適用について」『土木学会論文集』76, pp.79-93

浅見　泰司Ⓒ

空閑地・空き家と生物多様性
―野生動物と人間生活が重複する空間をどう考えるか―

合同会社AMAC
浅 田 正 彦

東京大学大学院 新領域創成科学研究科
自然環境学専攻 助教
寺 田 徹

1. はじめに

　終戦後，首都圏では都市化が進行し，森林伐採や河川改修，宅地造成が相次ぎ，野生動物の生息地は大きく縮小し，生息地の連続性が失われ，地域的に絶滅していった。千葉県の千葉市および佐倉市において行われた調査から，残された森林の面積が小さいと，生息できる哺乳類の種数が少なくなる関係があり，生息地の縮小に伴い，キツネ→リス・タヌキ→イタチ・ノウサギ→アズマモグラの順に絶滅していくことがわかっている（浅田 1997，2000）。

　ところが，2000年以降，このような都市化の進行はあまり顕著にみられず，むしろ千葉県内では都市域における人口が減少に転じている（北澤 2011）。そして，その人口減少に伴い，空き家が発生したり，本来は建物が建つはずである土地が空閑地のまま残存し，増加している。

　だが，こうした場所は，人間にとっては「空」の場所であっても，野生動物にとっては貴重な生息場所や餌の供給場所となることがある。都市における生物多様性の保全の観点からは，野生動物の生息場所が増えることは望ましいことである。しかし，人間と野生動物の間に起こる軋轢を考えると，無条件に空

き家や空閑地の増加を喜んではいられないだろう。

　本章では、まず、千葉県内の都市でみられる野生哺乳類について概説し、続けて空閑地や空き家がどのように野生動物の増加に関係するのか、具体例を挙げながら説明する。次に人間と野生動物の間の軋轢や、動物どうしの接触による諸問題を述べ、最後に、都市における生物多様性保全について、今後どのように考えていけばよいのかを議論する（生物多様性の概念については〈補注〉を参照）。

2. 都市に暮らす野生動物

　都市においては、住宅地を中心として、予想以上に多くの野生動物が生息している。ここでは主にどのような動物（ここでは哺乳類について考える）がみられるか、代表的な種を紹介する。

(1) アブラコウモリ

　日本には37種のコウモリが確認されているが（Ohdachi et al. 2009）、そのうち一年中、家屋にくらしている種はアブラコウモリだけであり、イエコウモリともよばれている。この種は、昼間、屋根裏や壁の空間をねぐらとして使い、夕方になると、換気口などから飛び立ち、河川や街灯に集まる小さなハエやガなどを捕食する。

(2) キツネ・ノウサギ・カヤネズミ

　この3種類は広い面積の草地環境が必要で、草食性のノウサギとカヤネズミが多い草地では、それらを捕食するキツネが生息しやすくなる。千葉県内では、利根川河川敷の草地などで安定的にキツネの個体群が維持されており、北総地域ではそこからの分散個体と思われる個体が発見されている。

(3) 家ねずみ

　家屋に侵入する野生動物として，もっとも嫌われているのは家ねずみかもしれない。日本には，クマネズミ，ドブネズミ，ハツカネズミの3種類が知られている。この3種類とも詳細は不明だが，古い時代に日本にやってきた外来生物である。ドブネズミは名前の通り排水溝などの水環境がある場所を好み，反対にクマネズミは屋根裏や高層ビルの上層階などの乾燥した場所にいる。

(4) タヌキ

　タヌキは，日本在来の種類で，古くから人間の生活圏に近い場所にいて，身近な野生動物として，民話や童謡などにも登場する。もともと岩の間や樹木の下にできた穴にねぐらを持つ生態のため，住居の縁の下や作業小屋などを利用することもある。

(5) ハクビシン・アライグマ

　ハクビシンは東南アジア（台湾から移入した可能性が指摘されている（Masuda et al. 2010）)，アライグマは北米からやってきた外来生物である。両種とも樹上に生息する中型哺乳類で，同じような生態をもつ。特にこの10〜20年間で，全国的に分布を拡大しており，個体数も増加していると思われる。両種とも樹上だけでなく，家屋へ侵入し，屋根裏などをねぐらとして利用する。

3. 野生動物の棲みかとしての都市

　宅地需要の減少は，都市に空閑地や空き家の増加をもたらす。上記で説明したように，野生動物の中には家屋をねぐらとして利用するものがいる。その家屋が空き家となり，人間によって捕獲されたり，迷惑がられたりする危険がな

空閑地・空き家と生物多様性—野生動物と人間生活が重複する空間をどう考えるか—

写真1　タヌキ（2013年5月30日，千葉県柏市）

写真2　ハクビシン（2005年8月9日，千葉県千葉市）

写真3　アライグマ（2009年8月12日，千葉県勝浦市）

写真4　キツネ（2011年7月8日，千葉県印西市）

写真5　ハクビシンによる食害にあったとみられる若いエダマメ（2013年6月6日，千葉県柏市）

写真6　売地になっているが買い手がつかず，菜園として活用されている空閑地（千葉県柏市）

くなれば，それらの動物にとって絶好の生息場所となりうるだろう。

空閑地はどのように野生動物の増加に寄与するのか。一つには，耕され，菜園化した空閑地が，餌の供給場所になる点が指摘できる。2011年に行われた調査によれば，首都圏郊外の都市である千葉県柏市において，住居系用途地域内に1,077箇所もの空閑地が発生しており，そのうち約12％にあたる128箇所が菜園として利用されている（鈴木ら2011）。利用者の多くは60〜70歳代の高齢者である。団塊の世代の定年退職により，今後，一日の多くの時間を自宅近くで過ごす人の割合が多くなることを踏まえれば，こうした「身近な農」に対する需要はますます増加するものと予想される。

写真5は，JR柏駅から約500mの場所にある菜園において確認された，エダマメの食害である。新芽と実の部分がすべてきれいに切断されており，カラス等の鳥類による食害とは異なっている。菜園利用者にインタビューを行ったところ，すぐにハクビシンによる被害だと断定された。実際に，早朝に親子3匹のハクビシンが畑に入り，人に気が付き逃げていく様子を見たそうである。もちろん，ハクビシンによる農作物被害は，既に農村部においては問題となっており，既に電気柵等による対応がなされている（古谷2009）。しかし，空閑地などを種地とした都市部の趣味的な菜園において，それほどの対応をとる利用者がいるとは考えにくい。ハクビシンにとっては，都市住民による菜園は「ガードが甘い」農地であり，餌が容易に得られる場所になっているのだろう。

4. 生物多様性保全に寄与する空閑地

人口減少に伴い，既に市街地となった場所で空閑地が発生する一方で，新たに開発が行われる場所には，開発用地として，暫定的な空閑地が発生する。しかし，宅地需要が減少する中，開発の見通しがたたずに塩漬けとなり，長期的に残存しているケースもみられる。このことが生物多様性にとって思わぬ効果

をもたらすことがある。

　千葉県印西市には，千葉県と都市再生機構の開発事業である「千葉ニュータウン 21 住区」があり，開発中断から約半世紀がたち，50ha もの広大な空閑地が，半自然草地となって広がっている。ここには，キツネをはじめ，関東平野にはめずらしい草地性の希少生物が多く生息するようになっている。このため，日本生態学会から「地域の自然環境の価値を活かした土地利用」などに関する要望書が提出され（2013 年 6 月 13 日，http：//www.esj.ne.jp/esj/Activity/2013 Soufukeppara.pdf），同市における生物多様性の保全についての関心が高まっている。

　同地区のような半自然植生は定期的に草刈を行わないと，時間とともに森林へ変化（生態学の用語で遷移という）していくものである。ここでは，事業者として宅地用地の維持管理のために空閑地の草刈を定期的にやってきたことが，結果として貴重な自然環境の保全につながった。すなわち，宅地として売れないという人間側のマイナスの事情は，生物多様性保全にとってはプラスに働くこともあるのだ。

5. 都市における人間と動物の軋轢

　以上述べてきたように，空閑地や空き家の増加を起因として，都市において動物が増えている可能性が高い。里山や二次草地のような野生動物の生息場所を切り拓き，都市をつくってきた開発サイドからすると，このことは喜ばしいことのように思えるかもしれない。しかし，都市において野生動物がこのまま増え続け，人間と関係する機会が増えていくと，両者の間に様々な軋轢が生まれることが容易に想像できる。ここでは大きく二つに分けて説明する。

　第 1 は，住民に対する生活被害である。柏市の例で紹介した農作物への被害はその一つであるが，住宅地の庭に植栽されている柿，ブドウ，ミカン，ビワ

第1部　都市の空閑地を考える

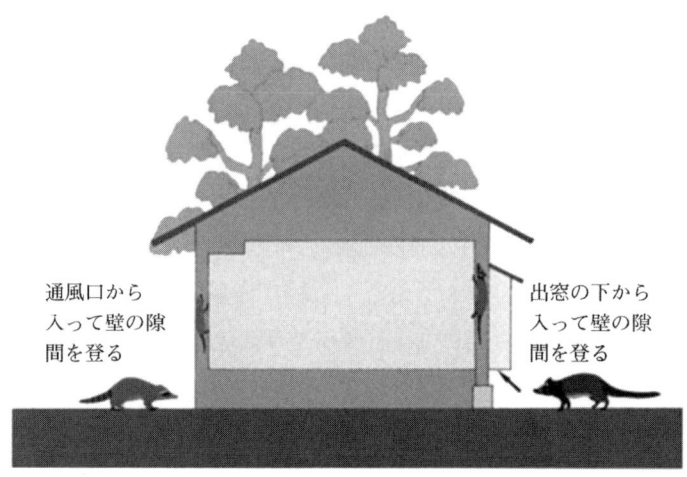

図1　ハクビシンとアライグマの家屋への侵入方法（古谷 2009）
（通気口が広く空いていたり，劣化して壁に穴が開いていたりすると，そこから侵入する。古く，気密性の低い家屋のほうが，侵入される確率が高いと予想される。）

等の果実なども動物たちの大好物であり，都市に動物が増えていけば，多大な被害に見舞われるだろう。また，ハクビシンやアライグマが，人がまだ住んでいる家屋に侵入した場合には，騒音を発生させたり，屋根裏に糞尿をまき散らすことにより悪臭をもたらしたりする。さらに危険なのは，病原菌やウィルスの媒介である。アライグマは海外では狂犬病ウィルスの媒介者として有名であり，国内でもイヌジステンパーや日本脳炎ウィルスなどが検出されているのである。

　第2は，建物に対する被害である。家屋をねぐらとしてよく使用するハクビシンやアライグマは，侵入時に爪によって柱を傷つける。さらには，ねぐらとして利用するのは住居だけでない。寺社なども，ねぐらに適した空間であることから，アクセスすることができれば利用する。このため，近年では貴重な国宝級の文化財が収められている寺社仏閣においても，糞尿や侵入時の爪による汚損による文化財被害が発生している。また，空き家の中には，不動産業者が

借家として管理しているものがある。そうした家屋に動物が侵入し，柱の損傷や糞尿による品質劣化をもたらした場合，品質保持が求められる不動産業者にとっては明らかに不利益となる。

6. 在来生態系に与える影響

　もう一点踏まえておくべき事項として，動物どうしの相互作用がもたらす問題がある。具体的には，外来生物が在来生物に与える影響である。ハクビシンとアライグマは，先に述べたように，もともと日本にいなかった外来生物である。これらの動物は，夜間，近くの河川でカエルやカメなどの在来生物を捕食するため，在来の生態系を攪乱し，何らかの影響を及ぼしているはずである。また，このハクビシンとアライグマは在来生物のタヌキなどと食べ物が類似しているため（松尾ほか2007, Matsuo and Ochiai 2009），餌の奪い合いなどによって在来生物を排除してしまう可能性もある。

　千葉県柏市の害獣駆除業者にヒアリング調査を行ったところ，2010年1月から2012年6月までの間に，市内で18件の哺乳類の駆除が行われていた。駆除は住民からの依頼に基づくものであり，すべての依頼がハクビシンの家屋への侵入を問題とするものであった。実際に処理したケースの3倍程度の数で，問い合わせのみの場合も存在するということであるため，相当数のハクビシンが，空き家のみならず，人がまだ居住している家屋をねぐらとしていることが想像できる。このような状況であれば，在来生物のタヌキとの競合が起こっていてもおかしくはない。

　かつて宅地開発される以前に在来生物のタヌキやイタチが生息していた里山や二次草地は，宅地化された後に空閑地・空き家となっても，外来生物のハクビシンやアライグマによって占拠される結果となっているのかもしれない。今後，人口減で空き家が増えたからといって，すぐには在来生物の保全にプラス

にならないケースもあるのだ。

7. おわりに

　これまで述べてきたように，空閑地や空き家の増加は，単に都市に居住する人間の問題ではなく，中型哺乳類の生息にも影響を及ぼしていると考えられる。そして，これらの野生動物は，住民との軋轢を生むのみならず，生態系ピラミッドの上位に位置するために，都市生態系全体にも少なからず影響を及ぼしている可能性がある。

　都市の生物多様性を考える際に，こうした状況をどのように捉え，計画につなげていけばよいのだろうか。動物の生息状況もよくわかっておらず，不確実性が高い中で，潜在的なリスクを取り除いておくという観点からは，少なくとも以下の2点が指摘できる。

　1点目は，動物と人間との接触から生まれるリスクの回避である。現在，そのようなリスクは，都市に居住する住民の間で十分に認知されているとは言えない。たとえば，愛おしいからといって，自分が飼育しているペットと同様の扱いで，安易に野生動物に給餌してしまうことにより，本章で述べたような様々な軋轢が発生している。このため，近年，問題が顕著となった自治体では餌付け禁止条例を制定するまでになっている（サル：栃木県日光市・群馬県水上町・福島県福島市・大阪府箕面市，イノシシ：兵庫県神戸市・西宮市，カラス：奈良県奈良市，全般：北海道・東京都荒川区）。これまで動物の生息について注意を払ってこなかった自治体においても，今後は条例等により住民の行動を規制する必要が出てくるだろう。まずは，現在の動物の生息状況や，人との接触による被害状況の把握に努めることが重要である。

　2点目は，動物どうしの接触によって生まれるリスクの回避である。本章では，外来生物のハクビシンが増加することにより，似たような生態をもつ在来

生物のタヌキの排除が起こりうることを指摘した。こういった事態が想定されるため、アライグマやハクビシンの生息をコントロールするための個体数管理が必要になってくる。具体的には、出没している空き家や菜園化された空閑地を中心にワナを設置することが考えられるだろう。空き家を人が活用して、管理することにより、動物の侵入機会を減らすことも有効である。いずれにせよ、これらの方策は、動物の個体数に関する定量的な調査にもとづき行う必要がある。

　人口減少が長期的なトレンドとなるとき、空閑地や空き家のような、野生動物と人間生活の重複する空間はますます拡大する。これに対して、「野生動物を完全に都市から排除する」、もしくは「全く何の対処も行わない」という両極端な対応は、生物多様性保全と安全・快適な都市生活の両立が求められる都市において、適当ではないだろう。むしろ両者を調整し、適切なレベルを見出すことが重要になってくると思われる。今後の都市の空閑地・空き家管理には、今までは思いもよらなかったこうした視点も必要となってくるのである。

〈謝辞〉

　本章で使用したデータの一部は、東京大学大学院新領域創成科学研究科サスティナビリティ学教育プログラム Xue Ting 氏の修士研究によって得られたものです。また、同研究科自然環境学専攻准教授鈴木　牧氏には本章をまとめるにあたり貴重な助言を頂きました。ここに記して謝辞とします。

〈参考文献〉

浅田正彦（1997），「湾岸都市千葉市の哺乳類—谷津田の分断・縮小化が与える影響—」，中村俊彦・長谷川雅美・藤原道郎編，湾岸都市の生態系と自然保護—千葉市野生動植物の生息状況及び生態系調査報告—」pp. 413-424，信山社サイテック，東京

浅田正彦（2000），哺乳類，佐倉市・佐倉市自然環境調査団編，佐倉市自然環境調査

報告書，pp. 165-179，佐倉市
古谷益朗（2009），『ハクビシン・アライグマ おもしろ生態とかしこい防ぎ方』農山漁村文化協会，p.106
環境省自然環境局（2013），『めぐみの星に生きる 生物多様性国家戦略2012－2020』p.23，環境省自然環境局，東京
北澤哲弥（2011），「千葉県の社会の移りかわり：人口と土地利用の変遷」『千葉県生物多様性センター研究報告』4, pp.46-51
Matsuo, R and K. Ochiai(2009), Dietary overlap among two introduced and one native sympatric carnivore species, the reccoon, the masked palm civet, and the raccoon dog, in Chiba Prefecture, Japan, Mammal Study 34 , pp.187-194
松尾梨加・金城芳典・落合啓二（2007），「千葉県における食肉目5種の食性比較」『千葉生物誌』57, pp.73-80
Masuda,R., L. Lin, K. J. Pei, Y. Chen, S. Chang, Y. Kaneko, K. Yamazaki, T. Anezaki, S. Yachimori and T. Oshida (2010), Origins and founder effects on the Japanese masked palm civet Paguma larvata (Viverridae, Carnivora), related from a comparison with its molecular phylogeography in Taiwan, Zoological Science 27, pp.499-505
Ohdachi, S. D., Y. Ishibashi, M. A. Iwasa and T. Satoh (2009), The Wild Mammals of Japan, p. 544, Shokadoh Book Sellers, Kyoto
鈴木浩平・雨宮　護・寺田　徹・横張　真（2011），「都市郊外における空閑地の分布と農的利用の実態」，2011年度東京大学空間情報科学研究センターシンポジウム，Research Abstracts on Spatial Information Science CSIS DAYS 2011, p. 20

〈補注〉
　「生物多様性」とは，多様だからといって，単純に種数が多ければ良いものではなく，それぞれの地域において，地球上で生命が誕生し，日本列島が形成されてからの長い歴史的時間を経て形づくられた多様な生き物の組み合わせと，それぞれの関係（食う―食われる関係や，共生関係など）の多様性を指す言葉である。千葉県ではこの生物多様性を「生命（いのち）のにぎわいと，つな

がり」と説明している。そして，われわれ人間は，この恩恵の上にのみ存在でき，かけがえのない生物多様性を，未来の世代へ引きつぐ責任がある。しかし，生物多様性は日本を含む世界各地で危機的な状況であることが共通認識されており，その主たる原因として，開発，土地の管理放棄，外来生物，地球温暖化による影響と考えられている（環境省自然環境局 2013）。

浅田 正彦／寺田　徹Ⓒ

空閑地と密集市街地

大成建設株式会社 建築本部 理事
（元・東京都 都市整備局 部長）
山 口 幹 幸

1. 大都市における空閑地

　空閑地とは，土地所有者が長期にわたって利用していない土地，長期間放置されている土地という意味に解されている。空閑地が生じるのは，個々の地権者の事情ばかりではなく，時代背景が大きく影響する。今日の人口減少・少子高齢社会への移行など社会経済状況の変化は，高齢者の増加や後継者の不足，住宅等ストックの余剰などの点で，空閑地が生まれる大きな要因となっている。
　空閑地は，宅地と農地，大都市と地方都市，既成市街地と郊外地など，土地の種別や場所性等でその様相が異なる。東京では，かつて鉄道貨物ヤードや工場・倉庫跡地などの遊休地が話題となり，この大規模空閑地は都市再生の貴重な種地として活用された。こうした類の空閑地は，今日では目ぼしいものは利活用され尽くした感がある。老朽化にともなって生じる公共や民間施設の大規模跡地以外に，一般的な民有地の場合には，保有コストや収益性確保の観点からも空閑地は生じにくく，空地状態となっても暫定利用されたり民間開発に組み込まれて利活用される。
　土地需要の多い大都市では，空間利用価値が経済的な価値に直結することか

ら，土地の合理的高度利用が一層重視される。このことから，空閑地という概念も，土地を単に平面的なものではなく立体的な空間として捉えていく必要もあろう。特殊な地域事情等から所有者の利用できない土地上の空間も一種の空閑地として考えられる。ここでは，密集市街地に焦点をあてて，この問題を考えてみたい。

2. 密集市街地における空閑地とは

　密集市街地で特に問題の指摘されるのは木造住宅密集市街地である。道路，緑地，公園，広場などの都市基盤が極めて不十分で，狭隘道路と零細敷地所有，小規模住居などで埋め尽くされた独特の市街地である。歴史的な背景や地域特性から様々なタイプがあるが，これらには共通して，防災，交通，景観などの問題が指摘される存在となっている。大都市圏の木造住宅密集市街地は，戦後の復興とそれに続く急激な高度経済成長を支える受け皿として貢献してきた。東京では山手線外周部や中央線沿線に面的に広がる「木造住宅密集地域」に象徴され，延焼の恐れが指摘される不燃領域率60%未満の地域は，区部面積の約1/4の約16,000haに及んでいる。都心部に近接した地域という好立地にありながら，高層建物で覆われた周辺市街地から取り残された異質な空間が形成されている。これは，木造住宅密集市街地内での建築に際して，敷地の規模・形状や接面道路の影響から都市計画の指定容積率が十分消化できないことによる。地上部にこの未利用空間が一種の空閑地として生まれる。こうした建築制約下にある土地は，狭隘道路率の高い密集地域の特性といえ，面的な広がりをもって存在する（図1参照）。

　一方，老朽化し未利用状態のまま放置される空き家，管理の行き届かない空き地もある。この空き家は建付地での空閑地と考えれば，いずれも空閑地の一つである。これらは防災面や住環境面からは有害な存在である。密集地域では，

第1部　都市の空閑地を考える

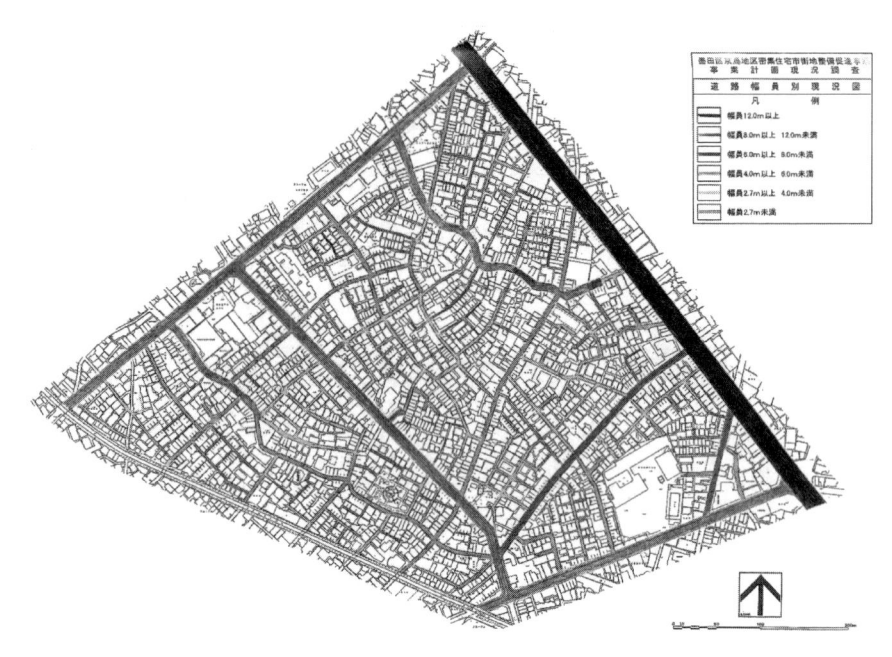

図1　木造住宅密集地域の狭隘道路の状況
(出所)　(株)アルテップ　楠亀典之(道路幅員別現況図墨田区資料(平成11年)にもとづき作成)
(注)　上図の墨田区京島2・3丁目地区では，狭隘道路率は56.2%（1/2500図上計測）

接道条件等から既存建物の建替えが困難になることや，高齢者世帯の多い地域実態のなかで高齢者不在後に空き家状態に陥るケースも考えられる。一般住宅地に比べて空き家・空き地が発生しやすいともいえよう。このように，木造住宅密集市街地においては，本来意味する空閑地の概念をさらに拡張し，管理不全の空き地や空き家，敷地の未利用空間を空閑地の概念に含めて考えることが重要となろう。

3. 東京における木造住宅密集市街地の現状

木造住宅密集地域内では4m未満の狭隘道路が多く，消防車の入れる6m

や8mの道路はほとんど見当たらない。また，都市計画で指定された容積率は200〜400％程度だが，接面道路や日影規制，敷地規模・形状などの影響から，実際に使用可能な基準容積率は160％以下となる場合が多い。容積率を十分消化できないばかりか，接道要件を満たさず建替えもできないケースがある。加えて，小規模地権者や借地人・借家人が多く権利関係が輻輳している。住民の合意形成や事業採算性の確保が難しいため民間開発の動きもあまりみられず，地域整備は公共主導型とならざるを得ない。行政は小規模公園等を整備するにとどまり，防火地域等の指定により建築構造を規制して建替え時に不燃建築物を義務化することや，建築費を助成して自主建替えを誘導する方法で，時間をかけ緩やかに改善を図るほかに抜本的な打開策がないのである。

図2は，中野区の密集地域の一部を示したものである。これから明らかなように，一口に木造住宅密集地域といっても，広幅員道路に面する「ガワ」と，その内側の「アンコ」と呼ばれる部分では，敷地の接面道路幅員，敷地規模，用途地域や容積率の指定状況が異なり，結果，容積充足率や建物の不燃化の状況は著しく相違する。

木造住宅密集地域で問題なのは，このアンコの部分である。ガワを含めて一括りに議論すると，アンコ部分では低層過密な土地利用や不燃化率等に経年的変化があまりなく，空き地・空き家も散在するなど実態が大きく異なり，地域の現状認識やその対応に適切な判断を欠くことになる。

4. 空閑地の効用とその活用

空閑地としての空き地や空き家は，木造住宅密集地域においてどのような存在なのか。一般的にはコミュニティや防犯など住環境を損なうものと指摘されるが，必ずしもマイナス面ばかりではない。防災性の向上，とりわけ建物の延焼火災の防止という観点からは，空き家を更地化し，空き地として適切に管理

第1部　都市の空閑地を考える

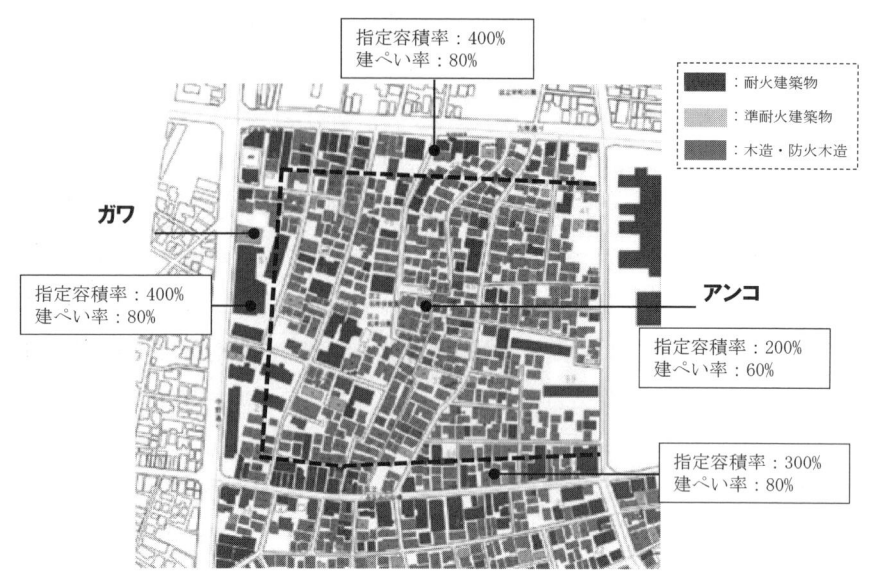

指定容積率：400%
建ぺい率：80%

：耐火建築物
：準耐火建築物
：木造・防火木造

ガワ

指定容積率：400%
建ぺい率：80%

アンコ

指定容積率：200%
建ぺい率：60%

指定容積率：300%
建ぺい率：80%

(出所)　(株)アルテップ　中川智之（中野区南台地区の建物構造別現況図より作成）

(ガワ)　　　　　　　　　　　　　　(アンコ)

(出所)　(株)アルテップ　中川智之（品川区戸越地区）

図2　木造住宅密集地域のガワとアンコの状況

30

された状態であるならば地域の安全性に寄与する。それは，不燃領域率を高める効果があるからである。不燃領域率とは，火災時の建物の燃え広がり難さの程度を示す指標であり，建物の不燃化率と道路・公園等の空地率から算出される。不燃領域率が70％に達すると安全性が確保できると考えられている。このため，建物所有者に自主建替えを促したり，防火地域等を指定して建物構造を燃えにくいものに規制強化して不燃化率を高めることが有効となる。また，道路や公園などの基盤整備を進め，一定のエリアで空地率を拡大するのも同様に効果的な方策である。行政の密集地域整備の施策の中心はここにある。木造住宅密集地域では適切に管理された空き地が空閑地として存在するのであれば，防災上はむしろ望ましいともいえる。

　一方，空閑地としての未利用空間の存在をどのように考えるのか。未利用空間が生じているのは地域内の基盤が脆弱であることに起因する。街並み誘導型地区計画のように道路要件を緩和して建て替えやすくするのも一つの考えであるが，この未利用空間の余剰容積（指定または基準容積率と使用容積率との差）を土地の資産（空間資源）と捉えて活用する方法もあろう。つまり，密集地域内の敷地（譲渡地）の容積（延べ床面積）を他の飛び地（譲受地）に移転活用するのである。しかし，この方法は，密集敷地の利用を移転後制約することになるため，将来の土地利用に柔軟性を与えず固定化してしまうという欠点もある。

　この考え方を一歩進め，密集地の利用可能容積のすべてを活用して公益目的の大規模空閑地を創出することや，現況土地利用を立地条件に相応しい用途等に大きく改変することも考えられる。これは，第2種再開発と同じように密集地域を大改造することになる。ただ違うのは，再開発のように土地を取得するのではなく，空間を移転（容積利用権の取得）する方法によることである。

　考えてみるに，土地利用のあり様は，そこに顕在化した土地の経済的価値として不動産鑑定評価に具体に表れる。木造住宅密集地域のアンコ部分とガワ部分や優良住宅地とを，たとえば地価公示価格や固定資産税路線価で比較してみると，両者間には大きな開差がある。画地条件等の個別的要因，街路条件・行

政条件などの地域要因という不動産の価格形成要因に乖離が生じているためである。

　木造住宅密集地域は，都市における地理的位置関係でみれば，交通結節点にも近く様々な都市機能を享受できる至便な立地にある。潜在的なポテンシャルも高いのである。いわば，現状は，理想的な土地利用を顕在化できない状態にあるといえる。この可能性に目を向けない結果が，ひとつには個々の不動産の過小評価と固定資産税等の租税収入の低下を招いていると考えられよう。基盤整備など良好な環境が整えば不動産価値が高まり，行政はさらに多くの固定資産税等の収入を期待できる。広大な木造住宅密集地域を考えると，この財政的ロスは極めて大きく，一種の外部不経済を与えているといえるだろう。また，現状の土地利用を是認して建替えを促進することは，土地利用を固定化し，東京の将来性に蓋をすることになりはしないだろうか。

5. 空閑地を活かした防災都市づくり

　東京の密集市街地の整備は，木造密集地の延焼火災を伴った1995年の阪神・淡路大震災以後，防災を軸とした方向に急転換した。2011年の東日本大震災の教訓や南関東大地震等の切迫性は，大都市の防災強化に拍車をかけることになった。震災時の円滑な物資輸送を確保する緊急輸送道路沿道建物の耐震不燃化を義務化する条例の制定（2012年3月），木造住宅密集地域の建物不燃化を促進するための固定資産税軽減や主要緊急道路整備を柱とする「不燃化特区10年プロジェクト」（2013年4月）は，都の防災対策の一連の動きである。短期的視点から効果的に防災対策を進めることも必要であり，不燃化特区において，豊富な実績をもつ都の道路部隊が直接施行に乗り出すことで整備が確実に進められるという点で評価もできよう。

　これら以外でも，空閑地との関係で考えれば，空き地等が発生した場合に単

に所有者間の取引に任せて狭小建物の再生産を招かないことや，不審火の原因になりやすい空き家を除却し，空き地等を公的な管理のもとに運営し，管理不行き届きの放棄地にさせない配慮なども重要となる。

　一方，これとは逆に，空き家・空き地は，地域活性化から新たな居住者によって利活用されることが望ましいとする考えもある。この場合は，空閑地としない仕組みづくりや，地域内の建物の不燃化率を底上げして安全性を高める手段が不可欠であり，所有者の建替えを促すための強力なインセンティブが求められる。わずかな助成金や固定資産税軽減程度の措置では，従来の実績からみても十分な動機づけになるとは思えないし，これ以上の行政による財政支出も適切とはいえない。このため，行政負担を伴わない方法で木造住宅密集地域に限定した思い切った施策を実施することが望まれる。この点で，先述の未利用空間の活用は一つの有力な方策と考えられる。

　以上，短期的な視点から差し迫った防災対策に空閑地をどう有効活用できるかを考えてきた。しかし，東京は，いわば日本の心臓部であり世界経済のエンジンにもなっており，大震災によって機能が一時的に停止することはグローバル化した経済にとっても望ましくない。このため東京の木造住宅密集市街地は，単に地域の災害危険性だけでなく，国全体と世界経済体制にとってもリスクの対象となる。こうした東京のもつ特殊性や重要性を考慮すると，木造住宅密集市街地の防災対策は，都市構造や土地利用という長期的視点から盤石なものとしなければならない性質の問題である。

　東京の歴史を辿れば，震災復興や戦災復興などに果敢に取り組んできた時代もあった。この復興の貴重な経験が，その後の都市計画に生かされるべきだったが，急激な都市化の波のなかで政策が後追い的にならざるを得なかった事情もある。この結果が，負の遺産とされる木造住宅密集市街地が未だ解消されずに現存する状況を招き，東京の災害に対する脆弱性の一つになっている。

　また，これと並び，発達した地下街や高層建物など過密化した都市構造もあげられる。そこで活動する昼間人口約1,600万人という膨大な人命の安全性を

いかに確保するかは極めて重要な課題である。この一見異なる二つの防災対策は，筆者には，木造住宅密集地域の存在する立地特性を考えると極めて密接に関連する問題と考えられる。都市が過大になれば滞留人口も多くなり，中には帰宅できず逃げ惑う人々も多い。行政は勤務場所での一定期間の滞留・滞在を要請しているが，事前のシナリオ通りにはいかないと思う。被災時に多数の人が路頭で迷う事態，机上で想像できないパニックも起こり得ると考えるべきである。災害発生時に，徒歩圏で行くことができ，人口収容能力の大きな場所，そこで的確な情報提供や緊急的な生活支援ができる避難場所が必要である。

このように長期的には都市構造面から安全性の高い土地利用に改変する視点に立って，短期的には効果的な防災対策を図るという難しい対応が求められているように思う。

6. 木造住宅密集市街地の土地利用の改編

東京のほとんどの木造住宅密集地域では，アンコ部分は，ガワの中高層の耐火建築物による延焼遮断帯で覆われており，大震火災時の危険性は大きく回避できるものと思われる。このため，短期的視点から有効な防災対策は，不燃化特区のように災害時に消防車や救急車の入れる主要な緊急道路を整備することや，空き地・空き家を更地にして適切に管理していくことが重要となる。空き地が生まれれば公共が率先して取得，管理し，地域内での空地率を高めることが有効と考える。

一方，単に個々の建物の不燃化を促進するのは，住民の共通理解が得られやすい防災対策だが，地域整備に打つ手を欠いた末の安易な方策とも受けとれる。確かに，わが国の所有権絶対的優位の法制度のなかで，すべての地権者の理解を得ながら望ましい方向へと土地利用を改変するのは至難の業といえる。だが，都市が高度化すればするほど災害リスクも複雑かつ高度化していく。都市の安

全性を確保する上で，土地利用のあり様は都市づくりの基本となるものである。都市防災の観点から望ましい姿に大胆に改変していく必要もあろう。十分な避難場所をもたない大都市では，都心部等の人口密度が高い地域に，これに匹敵するキャパシティの大規模空閑地を創出することが有効と考えられる。過密化傾向の衰えない東京では，過密化を和らげる緩衝地帯が必要なのである。都心近傍に大規模な空閑地を確保する発想は，災害時の安全性を考慮すれば現実問題としてあながち馬鹿げたものとは言えないだろう。

　この大規模空閑地の潜在的なポテンシャルをもっているのは，東京では，もはや木造住宅密集地域以外にはないように思う。それは，木造住宅密集地域が，都心周辺に連綿として広大な規模をもち，避難や物資輸送の大動脈の環7沿道等に近いという優れた立地特性にあること，今後は空き地や空き家が増加し，古くからの地域コミュニティが崩壊しつつあるなかで防犯やスラム化も懸念されること，さらに，中高層建物の多いガワで囲われたアンコ部分は延焼火災からも守られ，人々の滞留する空間として安全性が高いなどの利点を有するからである。都市の防災性という公益に合致するものだが，現実離れした理想論であり空論のように聞こえるかもしれない。これを実現に導くためには，まずはこの考えが住民に理解されることが先決である。そして，住民が納得できる生活再建策などを実現するしくみが重要となろう。

7. 容積移転を実現するスキーム

　今後，木造住宅密集地域の防災対策について，短期的な視点に重きを置くか，長期的な視点に立って困難な道を選択するか，いずれの手法をとるにしても重要なのは，地権者に対する強力なインセンティブである。この意味では，従来の制度の枠を越えた施策を木造住宅密集地域に限定して適用するような考えに立たねばならない。容積移転手法の適用は，その考え方の一つといえる。

第1部　都市の空閑地を考える

　短期的な視点に重きを置く場合には，これまでの考え方を踏襲した建物の不燃建替えを促進する方法がある。また，長期的な視点から土地利用を改変して公共の大規模空閑地を創出する方策がある。容積移転手法の考え方は，前者は未利用空間（余剰容積）を，後者は利用可能空間すべてを活用する方法である。この実現のスキームを考えてみたい。

　容積移転手法の適用にあたって大切なことは，後者の場合は，公共事業と同じように住民の生活再建に十分配慮することや，公正かつ適切な容積移転（余剰容積等利用権の譲渡）の方法と多様な選択肢によるきめ細かな生活支援方策が重要となる。同時に，行政の財政負担を伴わずに大規模空閑地を緑地等として整備できることである。また，両者に共通していえることは，現行の法制度を活用して迅速に処理でき，住民の不安・混乱を生じることなく実現できることが前提となろう。

　ここでの容積移転の手法は，民間事業者が個々の敷地の未利用容積等を地権者から購入して，土地の高度利用が可能な木造住宅密集地域のガワ部分やその近傍，または都心部の開発地に移転容積を上乗せして活用するもので，密集地と飛び地の間で容積を移転する考え方である。事業者の余剰容積等利用権（開発権）の買取価格を原資に，地権者の建替え資金または移転補償を行う。容積移転に際して，事業者と地権者間で地役権を設定し，要役地と承役地を明確にする。このしくみによって，行政の負担金もなく，地権者への金銭的な代償も同時に行える。

　都市計画等の法制度のしくみは，東京駅舎の保存で実施した特例容積適用地区制度が適切と考えられる。現行では譲渡地と譲受地が一体的な土地のエリア内の容積移転が前提のため，都心部など離隔した飛び地間の場合は運用面での工夫が必要となろう。この制度に加え，税の軽減や手続きの特例など規制緩和型の特区制度を導入することや，公的住宅やサービス付き高齢者住宅等の優先入居が可能となる関係法令の整備等も重要となる。

　さらに，事業者と地権者の間の調整業務を進める公的主体も必要である。空

閑地の管理も含めて実施できることが望ましい。たとえば，耕作放棄地の集約化のため農地所有者と農業生産法人の間で，農地を借り受け，貸し出す業務を担う農地中間管理機構（仮称）のような組織が考えられよう。

　空閑地の規模は大きいことが望ましいが，木造住宅密集地域に長い間定住してきた人々の個々の事情や要望に応えられる多様な選択肢を提示できることが住民の理解を得ることにつながる。居住の継続を希望する者には住宅地を集約化して良好な中高層住宅地を確保する必要もある。木造住宅密集地域の全てを緑地として整備する必要はない。東京都の重点密集地域 7,000ha のたとえ1割を緑地整備しても，700ha の空閑地に，単純に一人当たり 1㎡ としても 700 万人の避難スペースが生まれることになる。

8. 経済再生の機会をとらえた木造住宅密集市街地の整備

　現在，大都市主導で日本全体の競争力の底上げを図るため，東京都の都心・臨海地域の容積率・用途規制を一層緩和して「世界一ビジネスのしやすい事業環境」を実現する新たな特区制度を創出するとしている。また，首都高速道路の老朽化に伴う改修費用を捻出するため，道路上の空間を利用できる「空中権」を民間事業者に売却し，周辺地域の都市開発計画と一体で進めることのできる制度も検討されている。これらは，日本経済の活性化や財政支出の削減を目的に大都市開発を促進するという点で，軌を一にしている。

　閉塞感の続いた経済を再生する意味で重要なことと理解できる。また，空中権移転の手法に幅が広がれば，困難なマンション建替えなどの都市問題の解決の道筋につながると期待もできる。だが，単に財政補填や採算性の確保といった近視眼的な見方であってはならない。そこには「公益性」が伴っていなければならない。こうした機運は，木造住宅密集市街地のような重要な都市問題の解決にこそ生かされるべきであるし，そのチャンスでもある。都心部等の開発

計画にリンクして空中権移転を進め，大規模空閑地を創出することは十分公益に適っていることである。長期間整備の進まなかった東京の木造住宅密集市街地の再整備にとっての千載一遇の機会とも考えられよう。ただ，用途等の異なる地域間での容積移転の是非，様々なケースでの空間の経済価値を不動産評価上または税制上どう取り扱うかなど課題も多い。制度設計に十分な検討が必要となることに留意しなければならない。

9. 容積移転等に公的団体の活用を

　密集地域の整備に，区市，地権者，民間事業者をつなぐ第三の主体に公的団体を活用する方策が考えられる。阪神・淡路大震災以降，自治体と連携して精力的に取り組んでいる UR 都市機構もその一つである。

　UR は，密集地域の整備方策として，2013 年度から独自の制度として「木密エリア不燃化促進事業」を進めているが，新たな取組みとして期待できる。この事業は，UR が，東京都が認定した不燃化特区内で，区市と連携のもと，不燃化促進用地として土地を取得し，建替え用地や移転代替地に提供し，個別建替え等を促進することを目的とするものである。

　土地取得は，密集地域の整備促進に風穴を開ける鍵ともなり，財政状況の厳しい事業主体の区市に代わり，公的団体が先行取得する点で評価できる。しかし，この方法は，かつて公拡法による土地取得を目的に各自治体に設置した土地開発公社が，バブル崩壊に伴う地価下落と事業化の遅れによる借入金の金利負担増大により，その多くが解散に追い込まれた経緯もあり，リスクを伴う手法である。

　といって，短期的な目先の活用ばかりを気にしていたのでは，有効な活用方策もとれない。リスクの回避には，土地取得の主体となるよりも先述の容積移転売買等の調整役に回ることの方が望ましい。短期的に空閑地を広範に生み出

すことができればリスクも少なく，政策手段の選択肢が広がる。このためには，密集地域の整備を容積移転手法を活用して，都心部等の民間の大規模開発とリンクすることである。

　残念ながら，URの新たな制度は，現状のままでは短期的な利用と区市の肩代わり程度の効果しか期待できそうもない。公的団体としての特性を活かし，密集市街地の抜本的解消という視点から，容積移転等や区域内空閑地の管理の担い手となるなど，斬新な発想で幅広く地権者と民間事業者をつなぐ新たな主体としての役割が求められる。そのためには，国の強力なバックアップも必要となろう。

10. 成長戦略等の機会をとらえた木造住宅密集市街地の整備

　2013年12月，国は，経済の構造改革を進め2020年の東京オリンピックも視野に入れて，地域を限定した大規模な規制緩和や税制面の優遇で民間投資を引き出すため国家戦略特区を創設した。東京都は，先述のように，大都市主導で日本全体の競争力の底上げを図るため，都心・臨海地域等の容積率，用途地域等を一層緩和して「世界一ビジネスのしやすい事業環境」を創出するとしている。また，首都高速道路の老朽化に伴う改修費用を捻出するため，道路上の空間を利用できる「空中権」を民間事業者に売却し，周辺の都市開発と一体に進められる制度を検討するとした。これらの動きは，いずれも日本経済の活性化や財政支出の縮減を目的に大都市開発を促進するという点で，軌を一にしている。

　成長戦略等は，閉塞感の続いた経済を再生し，国際都市として持続的成長を遂げていくうえで重要なことと理解できる。また，空中権移転の手法に幅が広がれば，昨今困難なマンション建替えなどの都市問題解決の糸口にもなり大いに期待できる。しかし，こうした開発の意図が，単に，景気浮揚策や財政補填，

民間事業の採算性など近視眼的な見方ではなく，都市づくりの視点から公益性に十分な論拠がなければならない。

　こうした点で，成長戦略等は，本来，木造住宅密集地域整備のように緊要な都市問題の解決にこそ生かされるべきである。長期間整備の進まない現状の隘路を，様々な規制緩和や政策的な手立によって打開する必要があり，戦略特区として実施するに相応しいものと考えられよう。国の特区に位置付け，公的団体の参画によって推進体制を充実するなど，従来と異なる発想で新たな事業展開を図るべきである。こう考えれば，今，まさに千載一遇の機会と考えられないだろうか。

山口　幹幸Ⓒ

空閑地の農的活用事例と住宅地の「安全・安心」への貢献の可能性

筑波大学 システム情報系社会工学域 准教授
雨 宮 　 護

1. 空閑地の農的活用への期待

「都市縮小」に伴い大量に発生することが予想される住宅地内の空閑地を，高まりを見せる人々の市民農園への需要と結びつけ，「農的に」再生させる。それによって，放置すればまちに荒廃をもたらす空閑地の管理を促すとともに，人々の生活の質をも向上させる。近年，将来の住宅地内の空閑地の処遇をめぐってこうした提案を目にすることが多い。

たとえば，国土審議会土地政策分科会企画部会，低・未利用地対策検討小委員会による「低・未利用地対策検討小委員会中間取りまとめ」では，空閑地を含む住宅地の住民が法人を設立し，地権者から空閑地を賃貸借した上で市民農園として整備するというモデルが提案されている[1]。同様の提案は，国土交通省都市局，今後の市街地整備制度のあり方に関する検討会がまとめた報告書「今後の市街地整備の目指すべき方向」[2]においても見られる。

こうした提案は，空閑地を，その土地被覆こそ変えるものの，基本的には非建蔽のまま住宅地に位置づけようとする点において，「埋めるべき場所」とされてきたこれまでの空閑地観を大きく転換させるものといえる。

空閑地を市民農園にという発想は，確かにデータの上では理にかなっている。2009年に国土交通省が自治体に対して行った調査では，回答した1,217の自治体のうち562自治体（46%）が「（雑草が繁茂するなど）管理の低下した空き地が発生している」としている。そして，そうした空閑地の所在地は「郊外の市街地」（244自治体）が最多となっている[3]。一方，市民農園をめぐっては，特に高齢者層に高い需要があること[4]，反面，「適当な土地がない」という理由から供給が追いついていないこと[5]が知られている。今後，高齢化が進む郊外の住宅地で，増加するであろう空閑地を，そこに居住する高齢者が市民農園として再生させるというシナリオは，需要と供給が空間的に一致した合理的な提案といえよう。

しかし，こうしたシナリオは，どのような方法によって実現でき，また，どのような結果をもたらすであろうか。日本において，農地を市民農園とする事例は豊富にあるが，住宅地内の空閑地の市民農園化となると，ほとんど前例がない。この疑問に対する答えは，実践の中で検討される必要がある。

筆者らは，千葉県柏市において，市の運用する「カシニワ」制度のもとで，空閑地を市民農園として地域の高齢者が再生させる取組みに関わっている。また，その取組みの中で，市民農園化とは異なるかたちでの空閑地の農的活用の方策を試行している。本章では，これらの実践経験をもとに，空閑地の農的活用事例を紹介し，その課題について論ずる。その上で，空閑地の農的活用が住宅地にもたらしうるものについて，試論的に展望を述べたい。

2. 高齢者による空閑地の市民農園化の事例

ここで紹介する事例は，千葉県柏市，新若柴町会が運営する「自由広場」（面積0.3ha）である（**写真1**）。ここでは，地元町会が，市所有の空閑地を暫定的に無償で借り受けて，地域に居住する高齢者らが活動する農園として整備する

取組みが行われている。

　自由広場が整備されるに至った背景には，同広場が立地する市街地の開発経緯がある。当地は，もともと工場が多く立地していた地域に，1970年代以降，住宅開発が混入してきたことにより成立してきた。そのため，当地には，地域住民の交流の場となる都市公園の整備が十分ではなく，祭り等も，近隣の工場敷地内の駐車場や，徒歩30分程度の場所にある中学校の校庭等で行われていた。加えて，当地は短期間で開発されたコミュニティであるため，社寺等の住民を結びつける地域のシンボルがないこと，複数の小学校の学区域が併存するため，子どもを介したコミュニティの形成が困難であることといった問題も存在していた。つまり，空間的にも社会的にも，当地区には地域住民の交流の場となるオープンスペースが求められていたわけである。

　2010年，柏市の未利用地活用プログラム「カシニワ」制度が開始され，当地に含まれていた市所有の土地がその適用敷地として選定された。「カシニワ」制度とは，土地の所有者と，自治会・NPO等の土地の利用を希望する団体との間を，自治体が仲介することにより，非所有者による空閑地の利用を促すことを目的に設けられた，柏市独自の制度である[6]。空閑地の所有者である市と，利用希望団体である町会は，この制度により土地の貸借契約（2年間，無償）を結び，時限付きの公共オープンスペースとして空閑地を整備することとなった。

　「カシニワ」制度に基づき設置されるオープンスペースでは，原状復帰が可能で，一定の公共性を有する範囲内であれば，自由な利用を行うことができる。町会は，地域住民の交流の場が求められていた当地の状況，および高齢者の「農」への関心が高かったことに鑑み，広場および農園を含む空間として，自由広場を設計，整備した。

　町会を中心とした地域住民による，除草，砂利の除去，耕作といった地道な作業の結果，自由広場は農園を含む形で2010年にオープンした。現在，当初の2年間の貸借契約は更新されており，自由広場は，町会役員を中心とした

第1部　都市の空閑地を考える

写真1　空閑地の農的活用の事例「自由広場」（筆者撮影）

写真2　従前の「自由広場」の景観（柏市撮影）

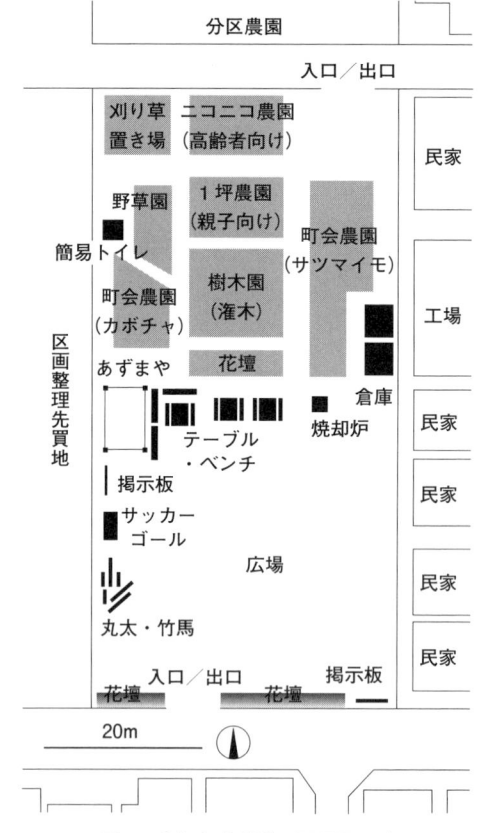

図1　「自由広場」の平面図[16)]
（2011年9月時点）

10名弱のコアメンバーによって運営されている。コアメンバーは，自由広場の利用ルールの検討やイベント企画，広場や農園の維持管理作業の町会メンバーへの配分等を行っている。

自由広場内には，農園として，親子向けの「一坪農園」と高齢者向けの「ニコニコ農園」，町会共有の「町会農園」があり，それぞれ，利用を希望する町会内の親子，高齢者，町会に無料で区画が貸し出されている（図1）。近隣の農家が，時折，農作業の技術補助のために農園を訪れることはあるものの，基本的な農園管理の担い手は，地域に居住する非農家の住民となっている。

自由広場が立地している場所は，もともと区画整理のための先買地であったが，そこは，最低限（年2回）の草刈りが行われるだけの立入り禁止の場所であった（**写真2**）。

活動開始前の同敷地に対するイメージを住民に尋ねると，「雑草が生い茂る場所」（30代男性），「荒れた場所」（30代女性），「ひどい状態」（60代女性）であったとのことである。しかし，活動開始後は，そのイメージは，「徐々に綺麗になった」（60代女性），「花を見に行けるようになった」（60代女性），「子どもの居場所ができた」（30代女性），「町会の人との交流の場所になった」（40代女性），「高齢者が元気に活動する姿を見るようになった」（40代女性）と大きく変容した。

「迷惑空地」という言葉があるように，所有者による管理が放棄された空閑地が，近隣住民の迷惑となっているとの報告は全国的に多い。自由広場の事例は，制度のもとで，地域の高齢者を中心とするコミュニティが，そうした空閑地を農的に活用した例として先駆的なものといえる。

3. 新たな農の確立を目指した「ちょい農」の実験

自由広場での空閑地の農園化の事例は，現在のところ，総じてうまくいって

第1部　都市の空閑地を考える

いる。すなわち，地域の高齢者によって，空閑地は，荒廃することなく，農園としてインテンシブに管理されている。

　しかし，その一方で，利用者からは，特定の少数の人に管理負担が集中することに対する問題や，そのことが，この場所の排他性を強めてしまっていることも指摘されている。それは，たとえば，筆者らが利用者に対して行ったインタビューへの下記のような回答から推察される。「草刈りが非常に大変だが，うまく分担できておらず，一部の人だけが行う状態になっている」(60代女性)，「管理活動を積極的に行う人たちの輪に入れない人にとっては，広場利用がためらわれる」(40代女性)。また，自由広場の運営自体が，少数の人に多くを担わせる形で行われていることから，運営の持続性を懸念する声や，少数の人により決められるルールの民主的正統性を疑う声も存在する(「いつのまにか利用のルールが出来ており，それがどのように決められたのか分かりづらい」(30代男性))。こうした意見は，空閑地を市民農園化しようとしても，それが少数の特定の住民のみによって担われるものであった場合の問題点を示唆している。

　こうした問題点を解決するためには，より多くの地域住民が空閑地の農的活用の過程に関われるようにし，空閑地を，多様な主体により協治（ガバナンス）される場とすることが必要である。そのためには，市民農園よりも，もっと敷居の低く，時間的，身体的，費用的な制約を持った地域住民であっても参加が可能な農的活動のプログラムが用意される必要がある。筆者らが過去に行った調査によれば，「農」に関心を持ちながらも，時間的，労力的な制約から実際には農作物栽培活動に携わることができていない層が，特に都市部に居住する若い層やオフィスワーカーなどを中心にかなり存在する[7]。こうした層の「農」への需要を拾いあげ，空閑地に集約することが求められる。

　こうした問題意識のもとで，筆者らが，自由広場敷地内の片隅で2011年から実験を始めたのが，空閑地の新しい農的活用方策，「ちょい農」である。

　「ちょい農」の実施スキームは以下のようなものである。まず，「ちょい農」の元で空閑地管理に関わる主体には，空き時間に農園を訪れ軽作業を行う「利

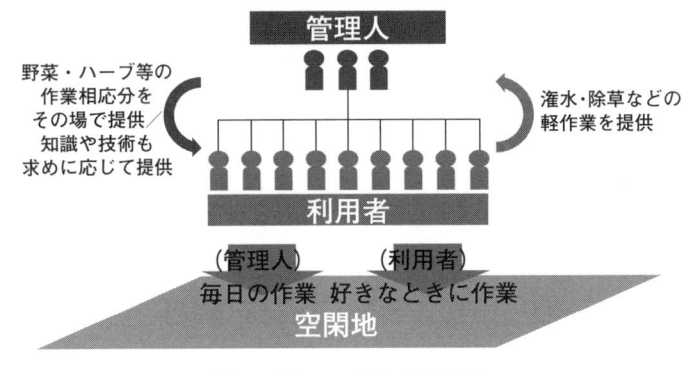

空閑地の農的活用事例と住宅地の「安全・安心」への貢献の可能性

図2 「ちょい農」の仕組み

用者」と，農園に常駐する「管理人」とがいる（図2）。利用者は，農園近辺に住む方や来訪者を含む不特定多数であり，それぞれの生活のなかでの隙間の時間（たとえば，会社からの帰宅途中や，自宅でのお昼ご飯の後などが想定される）に農園に行き，水やりや除草などの「ちょっと」の作業を行う。管理人は，農園に定期的に来訪し，一定時間常駐して，農園の基盤整備を行う。利用者は，「ちょっと」の作業の対価として，管理人から，穫れ頃となっている野菜を，その場で「ちょっと」だけ得る。複数の参加者によりランダムに行われる「ちょっと」の作業と「ちょっと」の対価は，農園の管理人によりバランスが取られる。また，「ちょっと」の作業以外の，時間と労力を要する作業（土づくり等）は，管理人がワークデーに利用者の一斉参加イベントを企画するなどして集中的に行う。利用者から見たとき，「ちょっと手伝って，その分だけをすぐにもらえる」という，軽作業と小さな収穫を組み合わせた，極めて敷居の低い農との関わりが「ちょい農」である。

「ちょい農」のねらいは，農作物栽培活動に関心を持ちながらも，作業負担のために二の足を踏んでいる人々の敷居を下げ，より多く，幅広い主体の気軽な農との関わりの場を創出するところにある。農に自らの生活をあわせるのではなく，自らの生活を中心にしつつも，その一部に気軽に農の要素を取り込ん

第1部　都市の空閑地を考える

写真3　「ちょい農」の実験地の様子（筆者撮影）

写真5　秋祭りで神輿として担がれるレイズドベッド（筆者撮影）

写真4　「ちょい農」による多様な世代の広場への来訪（渡部陽介氏撮影）

でもらうことが，「ちょい農」が意図する利用者のライフスタイルである。

　筆者らは，この「ちょい農」を，自由広場敷地内で試行している。筆者らが「管理人」となり，地域住民や一時来訪者を「利用者」に見立て，広場内に設置されたレイズドベッドで，軽作業とハーブ等の交換を行っている（**写真3**）。実験はまだ始まったばかりであり，「ちょい農」を地域の方々に共有されるライフスタイルに高めるまでには至っていない。しかし，リピーターが現れたり，それまで広場と無縁であった若年層が広場に来訪するようになるなど，少しずつ成果が現れている（**写真4**）。また，祭りの場で，社寺のないこの地域にあって，レイズドベッドが神輿として担がれるなど，「ちょい農」は，地域住民を結びつける新しいシンボルとしても認知されつつある（**写真5**）。

　筆者らが，2011年に柏市と共催で行った市民に対するアンケートによれば，住民が共同で管理する農園等の必要性は，柏市民の55.6%が認知していた[8]。また，そのために労力を提供しても良いと考える市民も，3～4割程度と，少なくない割合で存在していた[8]。その一方で，現状の「農」との関わりを尋ねると，実際に貸し農園などで農作物栽培に関わることのできている人は，全体のわずか5.5%であった[8]。現在の「ちょい農」の実験は，筆者らの研究室が管理人として関わることで成立しており，その活動資金も，研究費から支出されている。そのため，現在の運営スキームは，持続的なものとはいえない。しかし，こうしたアンケートで把握される事実を踏まえれば，適切な実施スキームと支援策が用意されれば，各地に普及していくことも十分に可能だと考えられる。

4. 空閑地の農的活用と住宅地の「安全・安心」

　今後，郊外の住宅地を中心に大量に発生していくことが予測される空閑地。仮に，これが，市民農園と「ちょい農」の組み合わせによって農的に活用され

たら，住宅地にどのような価値をもたらすことができるであろうか。

　筆者は，空閑地の農的活用は，単に空閑地の管理放棄を解消し，周囲に迷惑を生じなくさせるというだけでなく，以下の点において，住宅地に独自の価値をももたらしうるものとして位置づけられると考えている。

(1)　高い防犯性

　管理放棄された空閑地が身近な場所に増えていったとき，人々が懸念することのひとつが治安の問題である。国交省のアンケートによると，ゴミの不法投棄，火災の発生，防災防犯機能の低下等を懸念する自治体は多い[3]。筆者らが過去に行ったアンケートにおいても，特に戸建て主体の住宅地において，管理放棄された空閑地が，住民の犯罪不安を喚起させていることが把握されている[9]。

　住民の犯罪不安だけでなく，犯罪そのものの発生への影響も懸念される。日本では問題が顕在化していないが，海外では，地区内の空閑地の量が，特に乗り物関連の犯罪や軽犯罪，路上強盗などに影響する変数として指摘されている[10]。また，個別事例レベルでは，管理放棄された空閑地が，薬物売買の場として使われてしまうことを指摘するものも多い。海外の都市（特に米国の都市）における管理放棄された空閑地の量は，地区の社会経済的な困難の程度と密接に関連しており，その点が日本とは異なる。しかし，空閑地と犯罪との関連が示されているという事実は，日本においても，空閑地の処遇を考えることの重要性を示唆するものといえる。

　管理放棄された空閑地が人々の犯罪不安を喚起したり，犯罪の要因になるのは，理論的には2つの方向から解釈される。犯罪の日常活動理論（Routine activity theory）の文脈からは，管理放棄された空閑地は，犯罪を抑止することのできる力を持った人間からの関与のない場所（crime enabler）と見なされる。割れ窓理論（Broken windows theory）の文脈からは，管理放棄された空閑地は，地域住民の社会統制力の欠如のサインと見なされる。いずれにせよ，そこに地域住民の活動がないことが，犯罪不安や犯罪の発生の可能性を高める。

こうした空閑地を農的活動の場として再生し，住民の目が注がれる場所にすることは，地区の犯罪不安と犯罪の問題を解決する。海外では，荒廃した空閑地の農的活用が地区全体の犯罪率を下げたとする報告がある[11]。日本においても，かつて荒廃し，地域住民が不安を感じていた空閑地を，農的活動の場とすることによって再生させたことを報告する事例が，少数ながら存在する（たとえば，樋野・雨宮[12]）。近年，防犯設備やガードマン常駐による防犯性を売りにしたセキュリティタウンと呼ばれる住宅地開発事例が増えつつあるが，空閑地の農的活用は，自然な方法でありながら，住宅地に高い防犯性を備えることのできる方策として評価できる。

(2) 身近な場所での食の確保

国連の人口予測によれば，日本の総人口のうち都市に居住する割合は，現在の90.5%からさらに増加し，2050年には97.6%に達する[13]。日本の人口をめぐっては，今後急激な減少傾向に向かうことがよく知られているが，同時に，その地理的分布が極端に都市に偏ることもまた，重視すべき予測である。

人口の地理的分布が極端に都市に偏ったときに生ずる問題に，食料の確保がある。都市はこれまで，そこに居住する人々が消費する食料の生産を，農村に依存することで成立してきた。しかし，2050年，総人口のわずか2.4%にすぎない農村住民による食料生産活動が，97.6%の都市住民の食を保障できることは，いかに農業が効率化・大規模化されたとしても，考えにくい。人口が都市に極端に集中するということは，つまりは，都市自身も，食料を生産することのできる道を持つ必要がそれだけ高まるということである。

都市自らが食料を生産するための方策としては，産業としての都市農業の育成に加えて，野菜工場の設置等も考えられるが，小規模分散型の食料生産の仕組みとして，空閑地の農的活用を住宅地に埋め込むことも，そうした食料生産の仕組みを補完するものとして期待できる。農的に活用された空閑地の生産性自体は，都市農業が営まれる都市農地や，生産性に特化した野菜工場には及ば

第 1 部　都市の空閑地を考える

ないかもしれない。しかし，その小規模分散型の仕組みは，農園から収穫される新鮮な農作物をその場で提供できるという意味でメリットがある。また，都市住民自らが生産の過程に関わることができるため，子どもの食育という面でも独自の意義があると考えられる。さらに，小規模分散型であるという特性から，大規模災害等で物資の供給が滞った際には，その場所で一定の期間の地域住民の食を保障するものとして位置づけることも可能である。

(3)　高齢者の生活の見守り

　超高齢社会における問題のひとつに，高齢者の生活をどのように見守るかという問題がある。2013 年度版の高齢社会白書によると，特に，一人暮らしの高齢者が近年増加しており，そうした高齢者は，「困ったときに頼れる人がいない」と回答する者が多い[14]。その中で，近年期待されているのが，住民同士による見守りであるが，少数の民生委員による訪問・声かけに頼った見守りには限界があり，より多くの住民が関わるなかで，自然に高齢者を見守ることのできる取組みが求められている。

　こうしたなかで，身近な生活空間に，農を目的に高齢者を含む地域住民が集まる場があることは，そこでの活動を通した住民間のつながりを強めることに寄与し，ひいては，それが見守りの向上につながるものと考えられる。また，「ちょい農」は軽微な作業であるため，運動機能の衰えた高齢者であっても関わることが容易である。「ちょい農」を通して，高齢者の屋外活動を促すことができれば，健康を維持し，生活のサポートの必要性自体も下げることができる可能性もある。常駐スタッフによる高齢者の見守りを売りとした住宅地開発の事例も近年見られるようになったが，高齢者の生活域周辺に，高齢者自身も参加でき，かつ地域の住民が集まる場があれば，自然なかたちで住民同士が見守り合う関係が構築できる。空閑地を農的に活用することは，そうした自然な見守り合いに寄与することができる。

　防犯，食，高齢者の生活の見守り。これらの意義を一言で表現すれば，「セ

キュリティ」という言葉があてはまる。セキュリティという用語は，一般的には警護や情報漏洩の文脈で用いられることが多いが，ラテン語の本来の意味は，「se～（～から離れる）」＋「cura（心配）」であり，より包括的な「心配のない状態」である。「安全・安心」と言い換えても良い。この本来の意味でセキュリティの用語を捉えるならば，空閑地が農的に活用された住宅地は，高度のセキュリティを備えた住宅地と言うことができる。重要なのは，それ自体がセキュリティを目的にするのではない，個々の農への関心に基づく活動が，自然に，結果的に，住宅地のセキュリティを高めていることである。すなわち，防犯設備の導入や警備員による監視，コストを掛けた食料の備蓄，有料ケアサービス等の，セキュリティ向上を直接的な目的とする介入ではなく，住民が内発的な動機に従って農に携わることの副産物として，住宅地のセキュリティが高められている。今後の住宅地の持続可能性を考えると，こうしたセキュリティ向上のための，コストを掛けない自然な方法を，住宅地管理の仕組みに埋め込んでおくことの意義は大きい。海外の実証研究では，空閑地の農的活用が周辺住宅地の地価を引き上げたとする報告がある[15]。将来的に郊外住宅地の差別化が進むと言われる日本にあっても，空閑地の農的活用が，「安全・安心」を通して，住宅地の価値を高めることは十分に考えられる。

　空閑地の農的活用，特に「ちょい農」の取組みは始まったばかりであり，当然課題も多い。「ちょい農」を支える組織としてどのようなものを想定するか，管理人は誰か，この仕組みをビジネスとして持続的にまわすことができるかといった点は，これから慎重に検討される必要がある。しかし，都市縮小の時代を迎える日本にあって，空閑地を大量に含む低密度都市をマネジメントするための方策を考えることは，個々の住宅地レベルだけでなく，広域の都市戦略としても重要と考えられる。今後も，より実現性の高い空閑地の農的活用のシナリオを描くべく，地域での実践の蓄積が望まれる。

第1部　都市の空閑地を考える

〈引用文献〉
1)　国土審議会土地政策分科会企画部会，低・未利用地対策検討小委員会（2006），「低・未利用地対策検討小委員会　中間取りまとめ」，http://tochi.mlit.go.jp/wp-content/uploads/2011/02/chuukan_torimatome.pdf，2013年7月1日閲覧
2)　国土交通省都市局，今後の市街地整備のあり方に関する検討会（2008），「今後の市街地整備の目指すべき方向（報告書）」，http://www.mlit.go.jp/crd/city/sigaiti/information/council/arikata/report/arikata_report.pdf，2013年7月1日閲覧
3)　国土交通省土地・水資源局土地利用調整課（2009），「地域に著しい迷惑（外部不経済）をもたらす土地利用の実態把握アンケート結果」http://tochi.mlit.go.jp/wp-content/uploads/2011/02/annke-tokekka.pdf，2013年7月1日閲覧
4)　農林水産省関東農政局（2006），「市民農園の運営・管理，廃園理由に関するアンケート調査結果」，http://www.maff.go.jp/kanto/kihon/kikaku/jyousei/17jousei/pdf/ankeito-teiseiban.pdf，2013年7月1日閲覧
5)　農林水産省農村振興局（2011），「都市住民の農業体験に対するニーズ」，http://www.maff.go.jp/j/nousin/kouryu/tosi_nougyo/pdf/tosino_needs_2301.pdf，2013年7月1日閲覧
6)　柏市「カシニワ―かしわの庭・地域の庭―」，http://www.city.kashiwa.lg.jp/living/living_environment/1384/1387/，2013年7月1日閲覧
7)　雨宮　護・寺田　徹・横張　真・浅見泰司（2012），「都市住民による農作物栽培活動の実施と食生活の質との関連：都市近郊のフードデザート問題解決への『農』からの貢献の可能性」『都市計画論文集』47巻3号，pp.229-234
8)　科学技術戦略推進費「明るい低炭素社会の実現に向けた都市変革プログラム」都市計画グループ・農業緑地計画グループ（2012），柏市・東京大学「みどりと暮らしに関するアンケート」報告書，p.72, http://www.city.kashiwa.lg.jp/soshiki/110600/p012575_d/fil/midoritokurashi.pdf, 2013年7月1日閲覧
9)　雨宮　護・島田貴仁（2009），「都市の空間構成と犯罪不安との関連：地域特性を考慮した防犯まちづくりにむけた基礎的研究」『都市計画論文集』44巻3号，pp.295-300
10)　Weisburd,D., Groff,E.R. and Yang,S.（2012），"The Criminality of Place: street segments and our understanding of the crime problem", Oxford University

Press, p.272

11) Branas,C., Cheney,R., MacDonald,J., Tam,V., Jackson,T., and Ten Have,T. (2011), "A Difference-in-Differences Analysis of Health, Safety, and Greening Vacant Urban Space", Am. J. Epidemiol. (2011) 174 (11), pp.1296-1306

12) 樋野公宏・雨宮 護 (2006), 「活動 (Activity)」と「維持管理 (Management and maintenance)」, 連載「防犯まちづくりの新視点」第4回, 『新都市』60巻3号, pp.62-72, 都市計画協会

13) United Nations (2011), "World Urbanization Prospects, the 2011 Revision", http://esa.un.org/unup/unup/p2k0data.asp, 2013年7月1日閲覧

14) 内閣府 (2013), 「平成25年度版高齢社会白書」, http://www8.cao.go.jp/kourei/whitepaper/w-2013/zenbun/25pdf_index.html, 2013年7月1日閲覧

15) Voicu,I. and Been,V. (2008), The Effect of Community Gardens on Neighboring Property Values, Real Estate Economics, 36 (2), pp.241-283

16) 寺田 徹・雨宮 護・細江まゆみ・横張 真・浅見泰司 (2012), 「暫定利用を前提とした緑地の管理・運営スキームに関する研究」『ランドスケープ研究』75巻5号, pp.651-654

雨宮 護Ⓒ

都市のレジリエンスを高める空閑地の活用事例

国土交通省 国土交通政策研究所 研究官
阪 井 暖 子

1. はじめに――「都市のレジリエンス」と空閑地

　空閑地はこれまで，「空いてしまっている」土地というマイナスイメージが付きまとってきた。市街地において空閑地は，建築物が建設されるまでの過渡的な土地とみなされ，早く使われるべきだと思われてきた。しかし，人口減少や産業構造の変化により，土地需要は確実に減少してきており，これまでのように，近い将来に必ず建築物が建てられるということではなくなっている。こうした状況の下，空閑地を単に利用されていない土地という見方から，別の価値や意味を持つ土地・空間として捉えなおすことにより，現在の都市構造そのものも変えうる，新しい可能性を秘めた空間として見えてくるのではないかと考えている。

　特に，土地利用密度の高いコンパクトシティ化を指向する中では，「空いて」いるからこその価値を活かした利用をすることは「都市のレジリエンス」の向上に重要となる。筆者は以前，「都市のレジリエンス」を，都市の社会変化に対する適応力，柔軟性，あそび，回復力，弾力性との定義を試み，都市の持続・再生に不可欠であるとした[1]。しかし，東日本大震災をうけて，「都市のレジ

リエンス」には社会変化だけではなく、災害に対する弾力性も含まれなくてはならないと強く感じている。そこで、2.では、「都市のレジリエンス」に寄与する空閑地の利活用事例について、「社会変化への対応」と「災害・減災への対応」の2点に着目して紹介する[2]。

さらに、筆者は、空閑地の利活用において「暫定利用」や空間の可変的利用は、今後注目すべき一つの方向であると考えている。社会経済の構造が成長から縮退への大きな変化局面にあって、恒久的な土地利用に対しての多額な投資には抵抗があることが推測される。このような中で、国内外問わず、様々なところで暫定的な利用事例が見られるようになっている。これらの事例を研究することは、今後の空間利用に参考知見を与えてくれると考えているため、3.で紹介する。

2.「社会変化」,「災害・減災」に対応した空閑地活用事例

2.1 産業構造の転換・人口減少による都市荒廃からの再生

(1) 農的利用[3]の事例

空閑地の農的利用は社会変化への対応とともに、災害や危機への対応の両方の意味合いを持つ。産業構造の変化や人口減少等により、空閑地化が進行し荒廃する地域の再生とともに、災害や戦争など有事の際の避難場所、延焼防止や食糧供給地としての有用性があると考えられる。

▶コミュニティガーデン（米国）

米国では、治安の悪化の原因の一つになっていた空閑地等を再生することを目的とした、地域住民が主体的に維持管理を行うコミュニティガーデンが発達するとともに、その活動に対する自治体の支援制度も充実している。

第1部　都市の空閑地を考える

　ニューヨーク市のコミュニティガーデンは2010年時点で490箇所ある。地域の庭として近隣住民が共同で管理を行うことにより，コミュニティの育成および地域環境の改善に寄与している（**写真1**）。特に貧困層が多い地区にあっては，生鮮野菜の共同栽培を通じてのコミュニティの育成とともに，地域住民への生鮮野菜の供給による健康増進・フードデザート問題への対処にも寄与している。

　ニューヨーク市では，市政府の一般サービス局の一部門として設立され，現在は外郭のNPOとなっているGreen Thumbが，コミュニティガーデンのライセンス発行を行うなどのコントロールを行っている。Green Thumbでは，その他資材の提供，教育的なワークショップの開催等を行っている。

　米国の中でも，空閑地等の発生が最も多く，疲弊が進んでいるとされる中西部のデトロイト市においても，コミュニティの再生や地域のフードデザート問題に対処する観点から，空閑地を利用した家庭農園，学校農園，教会農園，コミュニティ農園等，様々な形で農的活動を行っている事例がみられる。

▶手作り農園「アナリンデ」（ドイツ）

　ドイツでもライプツィヒ市の手作り農園「アナリンデ」（**写真2**）や，ベルリン市の中心部の「プリンセス・ガーデン（Prinzessinnengarten）」[4]でみられるように，直接地面を耕すのではなく，パレットなどを置いて野菜などを栽培するなど，容易に移転や除却ができる形での農的活動の試みがみられる。これらは荒廃した地域の環境改善とともに，移民や生活保護受給者などの社会包摂も目的として実施されている。

(2)　積極的に空閑地を生みだすことで地域価値を増進

　空閑地の新たな利活用について考える時，意図的に新たに空閑地を生みだすことによって地域改善を試みている事例は，空閑地が持つ意味を考える上において参考となる。

写真1　リズ・コミュニティガーデン（ニューヨーク市）
(ニューヨーク市で最初にできたコミュニティガーデン。ニューヨーク市では，犯罪が多発し荒廃していた時期にコミュニティガーデンが生まれたが，その後都市環境が改善し，開発圧力が高まった時に，開発で消滅しそうになったのを市民が運動を起こして守ってきた歴史がある。手前に吊るされているのは寄付金集めの籠。(2011年11月撮影))

写真2　ライプツィヒ市フォルクマルスドルフ地区の手作り農園「アナリンデ(Annalinde)」
(市に企画提案を行い採択後1年の借地契約。土地の使用料は年800ユーロ。農園では空き木箱を利用したプランターでの野菜栽培，鶏の飼育，簡易テラスでのカフェ運営がされている。EUおよびドイツ国内の財団から助成金を受けて運営している。(2013年3月撮影))

第1部　都市の空閑地を考える

▶バルセロナ市の多孔質化戦略（バルセロナモデル）

建築物が高密に立地し，住環境の悪化とともにスラム化が進み，犯罪などが多発するなど治安も悪かったスペインのバルセロナ市の旧市街では，オリンピック開催決定後の1980年代以降に，老朽化した建物を選択的に取り壊し，新たな空閑地（公共空間）を創出していく地域再生戦略（バルセロナモデル）の推進により，まち中に賑わいを呼び戻すことに成功した。

バルセロナモデルの取組みは，密集し老朽化していた既成市街地の一部の建物を除却し，新たなオープンスペースを創出することで歩行者回遊性の向上，日照・通風など住環境の改善，人々が集う場所としてポテンシャルが向上した。また，人目が生まれることにより犯罪の発生が抑制され，周辺建物等の利活用促進・転換が進み，周辺地域の不動産価値が上昇した。

▶ライプツィヒ市の都市縮退政策における減築と暫定緑地

ライプツィヒ市の衰退・縮退地区において，老朽化し空き家化している建築物の解体とともに，10〜15年の緑化契約を市と土地所有者が締結し緑化を推進している。契約期間後の利用については，所有者の判断に任せている。市中心部近くにある約11haの鉄道関連施設跡地は長期間放置されていたが，市は建物を撤去するとともにオープンな空間のレネー・フォイクト公園として整備することにより，周辺環境の改善を図った。その結果，公園周辺は人口減少が続いていた市中心部の中で，初めて人口増加に転じた。

また，郊外部のグリュナウ（Grunau）団地など，旧東ドイツ時代のパネル工法住宅の巨大団地において，住宅の過供給や質の低下の改善とともに住環境の改善を図るため，空き家化，老朽化が顕著な住棟を解体・減築し，跡地を暫定的な緑地やプレイグラウンド等のオープンスペースとして整備した。その結果，住環境が改善し，周辺の空き家率が改善され，さらにそれに誘発された住宅需要に対応するため，オープンスペース化したところに戸建住宅団地の整備計画が動き始めている。

空き家化した既存建築物を解体し，「空いている」ということを可視的にみ

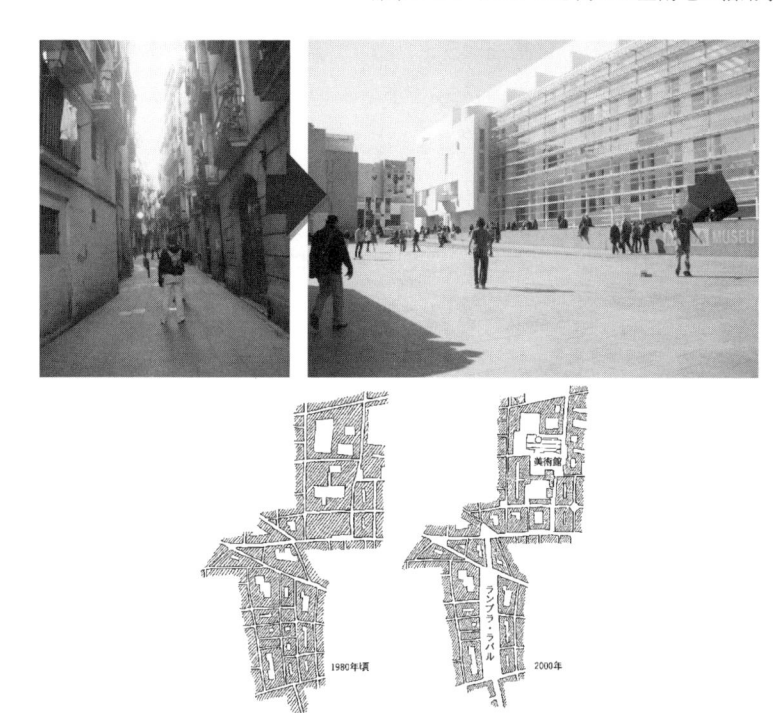

都市のレジリエンスを高める空閑地の活用事例

写真3　バルセロナモデルで新たにつくりだされたアンジェラ広場
（左のような密集した街区の1街区を撤去し，新たなオープンスペース（アンジェラ広場）を創出。（図の出典は岡部 2009））

写真4　ライプツィヒ市レネー・フォイクト公園
（縮退政策の中での施設跡地が公園化されたはじめての事例。（2013年3月撮影））

写真5　解体，減築，緑地化が進むグリュナウ団地（2013年3月撮影）

61

第1部　都市の空閑地を考える

せるとともに，住宅の過供給を改善し，また環境の改善を図るために緑地を創出するという考え方は，従来の発想にはない考えであったため，様々な軋轢を生んだが，緑地の創出により，住環境が改善された地区では，人口が増加に転じ，新たな不動産需要が喚起されているなど，その効果が示されている．

2.2　都市の防災力の向上を目的とした空閑地の活用事例

▶水の広場（Watersquare）（ロッテルダム市）

オランダのロッテルダム市では，国が進めるデルタ・プログラムに対応し，洪水対策と都市空間の質の改善を両立させる手法として，「水の広場（Watersquare）」と呼ばれる多目的遊水池の整備が進められている．水の広場とは，平常時は公共の良好な広場としてスポーツ広場やシアターとして利用しながら，大雨時には雨水を水の広場に一時貯留させることで，雨水が下水に大量流入し溢水し内水氾濫することを防ぐ，都市部の災害に対するレジリエンス向上の新たな方策の一つである（図1[5]，図2[5]，写真6）．

水の広場の整備第一号として，ロッテルダム中央駅近くの公有地において，ベンセム広場[5]（Benthemplein）の整備が2012年10月から開始されており，2013年12月4日に供用を開始している（写真7）．

写真6　土管が並ぶ工事中の広場．正面がマースカント作の職業高校
（2013年3月撮影）

図1 ベンセム広場の「水の広場」計画地

図2 ベンセム広場の整備イメージ（上：平常時／下：大雨時）

第1部　都市の空閑地を考える

写真7　Watersquare Benthemplein
（出典）http://www.urbanisten.nl/wp/?portfolio=waterplein-benthemplein

計画地は，1970代のマースカント（Huig Aart Maaskant）作の職業高校，カール・アップル美術館，スポーツジムが入ったタワー，教会に囲まれている。周辺は，低所得者層，外国移民とクリエイティブな職業に携わる白人が混在した地域となっている。

水の広場の整備費は全て公共財源である。主に水管理委員会（ロッテルダム市）の予算が充当されており，ロッテルダム市とインフラ環境省，EUの予算も少々入っている。事業のコーディネートはロッテルダム市都市計画部が実施。公有地であるため，清掃の義務は市にあるが，隣接する職業学校が体育の授業での利用を検討しており，学生達による清掃など維持管理の取決めを行っている。

▶災害（水害）対策のためのオープンスペース（米国）

米国のアリゾナ州フェニックス市（Phoenix）やテンピ市（Tempe）においては，リオ・サラド（Salt River）復旧プロジェクトの中で，洪水対策の用地として政府（米国陸軍工兵隊）と地元行政が土地を買い集め，空閑地（オープンスペース）として適切に保全し，災害に対する都市の防災力を強化するとともに生態系や風景の再生を行っている。

フェニックス市やテンピ市は，20世紀初頭に，安定した水の供給のために

ダムを建設したが，20世紀後半になると，まちの中心を流れるソルト川（Salt River（西語名：Rio Salado））の水量が減少し，河床の生態系が崩れた。一方で，フェニックス市はソルト川によって毎年，洪水により大きな被害を受けていた。1990年，マリコパ郡洪水制御地区管理委員会（Flood Control District of Maricopa County）は，洪水制御と近隣コミュニティの被害軽減策を検討するプロジェクトを開始し，3,200km²に及ぶ洪水対策の用地を買い集めた。これらの用地を活用しながら，瓦礫が散乱する川辺と砂利採掘場跡地において，豊かな生態系を創出する湿地帯の再生とともに減災もすることを目的として，リオ・サラド復旧プロジェクトが推進された。同プロジェクトは，フェニックス市の中心部の川周辺約8kmの区間において，フェニックス市と米国陸軍工兵隊（U.S. Army Corps of Engineer（USACE））[6]の間で2001年1月に協力関係を結び，建設や予算組立等の5つのフェーズに分けた話合いを3年間積み上げた上で開始された。

さらに，米国ではCity Park AllianceによるR2G[7]の取組みのなかで，ヒューストン市も同様の洪水対策により，都市の防災機能を高めようとする提案がある。

3. 空閑地の暫定利用事例

我が国において，空閑地の暫定的・可変的な利用（暫定利用）の取組みが各地でみられるようになっている。しかし，暫定利用について定まった定義は，筆者が知る限りされていない[8]。

欧米の都市においても，暫定利用は次第に注目されるようになってきている。ドイツにおいては，建設法典第9条第2項においてB Planの中で，目的と期限を明確化することで「暫定利用（Zwischennutzung）」を認めることができる旨が入れられている[9]。

第1部　都市の空閑地を考える

筆者が暫定利用に着目するのは，以下の3点からである。
① 空閑地において粗放的な管理がなされると，ゴミの不法投棄や雑草の繁茂，さらには犯罪の温床となる危惧があるが，暫定的にでも利用されることで維持管理が行われ，問題の発生が抑制される効果が期待される。
② 将来の動向が見通しづらい中で，簡便・簡易かつ低投資で土地利用のニーズや可能性を探ることができる。特に新しい試みは，具体的に体験してみないとその良さは理解されにくく，それが故に反対されることも多い。社会実験的に，暫定的に実施することで，新しい空間利用を「見える化」し体験してもらうことによって，市民等の価値変化をおこし，合意形成を進めていくことは，まちづくりを進める方法としても有用である。
③ コンパクトシティなど高密度に集住する都市において，通風・採光に寄与するオープンスペースとしての機能を持ちながら，様々な用途に使い分けられることにより，都市のアメニティの向上，機能の補完，賑わいづくりに寄与することが期待される。

3.1　欧州における暫定利用事例

▶オランダにおける災害対策"Room for the River プロジェクト"と連動した空閑地の暫定利用

オランダのインフラ・環境省は，Room for the River プロジェクト[10]の一環として，遊水池候補地として土地を先買いし，高潮や洪水被害の軽減とともに，気候変動による50年後，100年後の海水面上昇に備えている。これらの土地が管理不全とならないためにも，バイオ・ガスやバイオ・オイル用の穀物や菜種草等の耕作地や市民農園，スイミングプール等の用途で暫定利用を行っている。公有地であるため，不公正競争にならないように，1年間の短期の暫定利用契約を延長するなどして，導入機能を更新している。

しかし，欧州経済危機の下，行財政が圧迫されており，土地を遊ばせておくのはコストが高すぎるため，公有地の利用契約期間についても5年，50年，

図3 Tijdelijk Anders Bestemmen ホームページ
（このサイトは公有地等での暫定利用事例を紹介しているとともに，空閑地利用希望者が条件にあった物件を探し，簡単にコンタクトをとれる機能も備えている。）

写真8 バルセロナ市旧市街地内のラバル地区に空閑地を活用して確保されている小さな広場
（2012年2月撮影）

100年と様々な形態を試みている。また，行政側が管理人を雇用するにはコストがかかるため，暫定貸借者が保全してくれれば，無料で貸借できるということも行われている（図3）[11]。

たとえば，農業経営者が政府と利用契約を行い，災害等，万が一の場合には，政府が利用可能としている。申請者はビジネスプランを提示し，期間限定でのみ運営が可能であることが条件となっている。投機の対象として貸借したり，返却の際に反対運動や裁判になることを避けるため，政府は申請者に契約期間後に必ず返却することの証明（誓約）を提出させる。一方，契約の中に，返却時には政府が代替の場所探しを援助するという内容が盛り込まれる場合もある。

▶その他の空閑地の暫定利用事例

スペインのサラゴサ市やバルセロナ市では，空閑地の所有者に行政が働きかけて協定を結び，広場やオープンスペースとするなどの暫定的な公的広場としての利用を進めている。管理不全による犯罪の誘発等の地域環境の悪化を防ぐとともに，人が集い賑わうことで，地域の活性化に寄与している。土地所有者には，行政が管理をしてくれることにより管理責任が免れ，管理コストが低減できるためメリットが大きい[12]（写真8）。

第1部　都市の空閑地を考える

都市が大きく変化している過程において，その過程を楽しむような暫定利用も都市を豊かにする。ベルリン市では，東西ドイツ統一という大きな変化のなかで都市の構造も大きく変わってきているが，その変化過程の中で都市の中に発生している空閑地を活用した農的利用，アートイベントの動きなど，暫定的，実験的な取組みが活発に行われている。情報発信力も高く，欧州の若者たちから，ベルリン市は"Poor and Sexy"（貧しいけどかっこいい）と憧れられる存在となっている[13]。

3.2　日本における暫定利用事例

▶「わいわい!!　コンテナ」プロジェクト（佐賀県佐賀市）[14]

　佐賀市の中心市街地の空閑地（旧新和銀行跡地／借地）に暫定的に中古コンテナを用いた雑誌図書館を設置し，市民と協働で芝生広場を整備し，市街地の活性化を試み，まちの活性化に寄与する成果を上げている。

　佐賀市の中心市街地は1990年頃からの大型商業施設の郊外立地等により，衰退してきていた。

　「わいわい!!　コンテナ」プロジェクトは，中心市街地の活性化事業の一環として実施された。まちなかに増え続ける空閑地や駐車場を借地して，中古コンテナを使った雑誌図書館と芝生広場を設置し，約8か月間，まちなかの回遊性を促すプログラムや持続可能な維持管理・運営の仕組みの検証を行う社会実験であった（**写真9**，**写真10**）。増え続ける「空き」を受け入れ，むしろ「空き」の価値を高めマネジメントすることが，右肩下がりの社会状況に即した賑わい再生の新しい考え方としている。まず社会実験という形で市民にそのイメージを体験してもらうため，砂利敷駐車場の1区画を緑地（芝生の原っぱ）に転換し，その効果を実感してもらった。駐車場を原っぱ化することで，周囲の商店の顔が原っぱに向いたり，原っぱが子育ての場として積極的に利用される等により，居住のための魅力的な空間が生まれ，都心居住が促進されていることも狙っている。

写真9 「わいわい!! コンテナ」と芝生　　写真10　コンテナ内部（図書室とカフェ，休憩所）

　事業実施当初は，反対や必要ないという声が8割であったが，事業終了時には8割以上が必要だ，継続して欲しい，という結果になったということである[15]。2012年1月末に来訪者延べ15,000人を集めて「わいわい!!　コンテナ1」の社会実験が終了した後，プロジェクトの第2弾として「わいわい!!　コンテナ2」が，2013年4月から2014年3月末までの暫定で（2014年4月以降も継続中），中心市街地の別の場所に，複数のコンテナからなる「空き地リビング」として継続して実施されている。

　また，「わいわい!!　コンテナ1」は，社会実験終了後はJリーグのサガン鳥栖の佐賀市内の拠点として活用されていたが，「わいわい!!　コンテナ2」に隣接する場所に，同クラブが新規にスポーツバーを出店し，そこに移転したため，現在は撤去されている。

　「わいわい!!　コンテナ2」や，それと連動した取組みによって，コンテナが設置された区画の周辺には人の回遊が生まれていることが確認されているほか，隣接地にスポーツバー，ラーメン店の新規出店があり，周辺の空き店舗への出店問合わせが増加するなど，まちの賑わいに一定の効果がみられている。

　また，チャレンジコンテナに出店していた人が，中心市街地で新規出店するなど，ショップオーナーなどの人材育成にも貢献している。

▶ 246COMMON[16]（東京都港区）

　都心にある空閑地の活用として，暫定的に商業施設を整備し，コミュニケーションの活性化と遊休地の有効活用を提案している。

第1部　都市の空閑地を考える

写真11　「246COMMON」の見取り図とコンセプト

写真12　「246COMMON」の広場
（2013年5月撮影）

　「246COMMON」は，2012年8月より2年間限定で，カフェ・カンパニー株式会社が東京都港区南青山の国道246号線沿いの空閑地を活用して運営している商業施設であった（**写真11，写真12**）。

　約250坪の敷地に約20店舗のモバイルショップやトレーラー，簡易な木造建築等の店舗を配置し，飲食物や雑貨等を提供。各店舗の間にはテントが張られ，フードコートとなっていた。出店店舗の契約期間は3か月で，若い人の起業の場や企業プロモーション等の多様なコンテンツを提案する場として活用されていた。脈絡なく集まった店舗の集合である屋台村とは異なり，店舗同士でも協力関係があるコミュニケーションの場となっていた。

　事業主体は，「この街と様々な関わり方をしている人々が集い，交わり，ご近所付き合いのようなヒューマンなコミュニケーションが生まれる場」，「集いの場」というコンセプトを掲げ，都心に増加している空閑地を駐車場にするのではなく，従来とは異なる活用方法を見出し，多くの人が集う場とすることを目的としていた。地域住民に定着し憩いの場となり，また夜間にぎわいをみせ，コミュニケーションも活性化されていた。

　「246COMMON」の区画の底地はUR都市機構が所有しており，2014年3月末までの2年間の定期借地による暫定利用の予定であったが，5月末まで延長して実施の後，終了した。

写真13 「MORI TRUST GARDEN TORA4」のゲート
（2013年5月撮影）

▶「MORI TRUST GARDEN TORA4」（森トラストガーデントラヨン）[17],「森虎農園」（モリトラファーム）[18]（東京都港区）

「MORI TRUST GARDEN TORA4」は，森トラストが，2009年に営業を終了した「虎ノ門パストラル」跡地に，2013年4月26日から9か月間の限定で運営する多目的屋外施設である。移動映画館やフットサル場やキリン一番搾りのビアガーデン等の飲食施設と，大型貸農園「森虎農園」（モリトラファーム）を開設している。「森虎農園」は約900㎡で，全144区画の貸農園であり，東邦レオと森トラストとの共同事業となっている（**写真13**）。

2014年1月23日に終了し，現在は再開発までの間，時間貸しと月極めの駐車場となっている。

4. おわりに

本章で紹介した通り，空閑地においては建築的利用だけではなく，「空いて」いるからこそその価値を活かした新たな利活用の動きが世界各地で出てきている。これらは，水害などの自然災害のみならず，人口減少や地域経済の衰退と

いった社会変化の衝撃への対応またはレジリエンスを高めることを目的として展開されている。なかでも暫定的利用や可変的利用は，社会情勢の変化過程にあるなか，コンパクトな都市構造へ向かおうとしている我が国において，多目的・多機能で空間を高度利用することにより都市の魅力の創出や，新たな都市空間利用の可能性を試す意味でも有意義な取組みとなる。

今後，空閑地の新たな利活用をすすめるとともに，都市構造の再構築にも活用していくためには，空閑地の発生・消滅の実態など詳細な実証データに基づいた政策検討・立案が求められる。しかし，現在，空閑地の発生する場所や規模・形状等も含め，空閑地の発生消滅の実態やメカニズムは十分に把握されていない。特に経年的に変化する実態やメカニズムを把握することは，既存のデータからは難しい状況である。EUでは，「アーバンアトラス」という主要都市に関するデータの蓄積を行い，都市の問題の分析や解決への提案に役立てている。ニューヨーク市では，土地利用情報等はニューヨーク市都市計画局が管理する「PLUTO」と呼ばれるGISで管理されており，全ての人がインターネット等を通じて閲覧することが可能であり，情報は年に2回アップデートされている。「PLUTO」を用いて固定資産税の管理も行われているため，土地の所有関係，税金の納入状況等と連動して，空閑地，空き家の分布を把握することが可能となっている。我が国でも，このようなデータが整備されることが望まれる。

今後，推進されていくコンパクトシティの中で空閑地は，多目的・多用途・多機能を持ち，都市に必要な機能の供給や，QoL（Quality of Life）を高めるために不可欠な空間となる。高効率な可変的利用や暫定的利用ができる空間を都市の中に，どのように予めしつらえておくのか，そのデザインとともに新たな制度の検討が必要になると考えている。

1) 阪井暖子（2011）
2) 国土交通政策研究所（2012）の第4章では，国内外の多様な空閑地活用事例につ

いて事例シートとして網羅的に整理している。
3) 本章での「農」とは，業としての農ではなく，市民農園的利用や庭的利用を対象とする。
4) 横張　真（2013）
5) ベンセム広場の計画図は「Watersquare」を提案しているアーバンデザイン事務所 DE URBANISTEN のホームページより

    http://www.urbanisten.nl/wp/?portfolio=waterplein-benthemplein
6) USACE は，地域と連携して，洪水防御のための計画策定と事業を実施している。事業には堤防，ポンプ場，洪水壁，洪水調整池等の整備がある。また，連邦が整備した堤防および連邦政府の援助を受けた非連邦洪水対策建造物に対して，定期的な検査を実施する責務を負っている。
7) 阪井暖子（2011），「不良資産化した空き地活用へのチャレンジ～米国 CPA による R2G プロジェクトの試み～」，PRI Review 43 号，pp.62-77
8) 平成11年5月に設置された「産業構造の転換に対応した都市政策のあり方懇談会」第6回懇談会において，遊休地の暫定利用について議論がされた経緯があるが，暫定利用についての定義は明確にはされていない。

    http://www.mlit.go.jp/crd/city/torikumi/arikata/
9) Prof. Sabine Baumugart（ドルトムント工科大学）へのヒアリングより
10) Room for the River Project

    http://www.ruimtevoorderivier.nl/meta-navigatie/english.aspx
11) http://www.tijdelijkandersbestemmen.nl/
12) 2012年2月に実施した旧市街振興公社（FOCIVESA）へのヒアリングより
13) 2013年2月末において，ベルリン市では旧東独エリアを中心に活発な再開発やリノベーションが実施されており，若者のアート的な活動の中心だったミッテ地区においても空閑地はほとんど見られず，活動もなくなっていた。
14) 「わいわい !!　コンテナ」ホームページ

    http://www.waiwai-saga.jp/
15) 「わいわい !!　コンテナ」をプロデュースしていた，ワークビジョンの西村　浩氏へのヒアリングより
16) 246COMMON Food Car's and Farmer's Market

http://246common.jp/
17) MORI TRUST GARDEN TORA4 ホームページ
http://www.mt-garden.com/
18) 森虎農園（まちなか菜園）ホームページ
http://www.machinaka-saien.jp/farm/moritora/

〈参考文献〉

岡部明子（2009），『バルセロナ』中央公論新社

大谷　悠（2013），「空き地の再生とライプツィヒの自由」『季刊まちづくり』39号

国土交通政策研究所（2012），「オープンスペースの実態把握と利活用に関する調査研究」『国土交通政策研究』106号
http://www.mlit.go.jp/pri/houkoku/gaiyou/kkk106.html

阪井暖子（2011），「都市再生に寄与する空閑地の活用方策に関する調査研究」『国土交通政策研究所報』39号，pp. 30-37

日経トレンディネット電子版（2012年8月20日），「表参道に"おしゃれ野外フードコート"！『246 COMMON』の新しさとは？」
http://trendy.nikkeibp.co.jp/article/column/20120816/1042501/?ST=life&P=1

横張　真（2013），「コンパクトシティはガーデンシティ」『新都市』Vol.67，No.5 pp.13-16

New York City（2010），Community Garden Survey Results 2009/2010

阪井　暖子ⓒ

空閑地と都市財政
―修正すべき相続税などの税制の歪み―

専修大学 商学部 教授
瀬 下 博 之

1. はじめに

　近年，都市の市街地でも空き地が目立つようになってきた。本章では，このような空き地などの未利用地を空閑地とよび，空閑地が都市財政に与える影響を検討し，その上で都市財政に過大な負荷をかけずに，その有効利用を促進する可能性を探ることを目的としている。

　まず，空閑地の現状をデータから確認しておこう。本章では空閑地の大きさを数値的に把握するために，土地基本統計（世帯に係る土地基本統計）のデータを用いて，各都市の居住者が所有する土地に占める未利用地の割合[1]を，各都市における空閑地の割合として算出した。そのためこのデータは，民間世帯の所有地における空閑地に限られる[2]。図1は，上記のように算出した，全国の県庁所在地に居住する世帯が所有する未利用地の割合を示している。

　グラフでは，東北地方や九州，山陰地方などで未利用地（空閑地）の割合が高い傾向が見られる。ただし，図2で平成15年と比較した未利用地の割合の増減分（差分）を見ると，福島や山形を除いては減少し，北関東でも減少している。他方，長野や鳥取，松江，大分，鹿児島などでは増加している。県庁所

第 1 部　都市の空閑地を考える

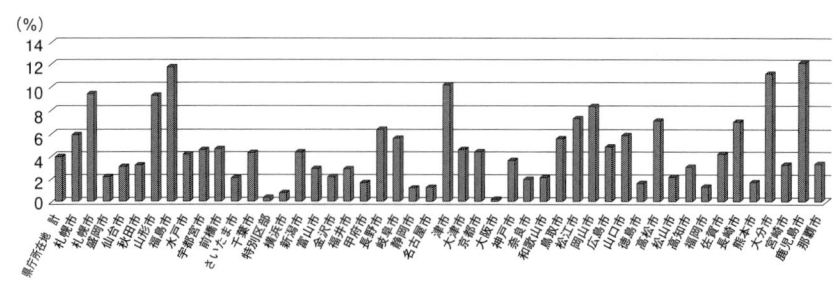

図 1　世帯所有面積に占める未利用地の割合（平成 20 年）
データの出所：国土交通省「土地基本統計（世帯に係る土地基本統計　平成 20 年）」
（URL：http://tochi.mlit.go.jp/shoyuu-riyou/kihon-chousa）から算出。

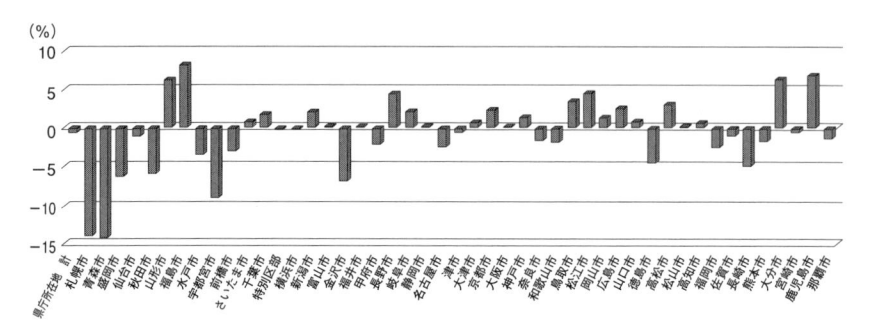

図 2　未利用地の割合の変化（差分）（平成 15 年から平成 20 年まで）
データの出所：国土交通省「土地基本統計（世帯に係る土地基本統計　平成 15 年及び平成 20 年）」
（URL：http://tochi.mlit.go.jp/shoyuu-riyou/kihon-chousa）から算出。

在地全体では，未利用地（空閑地）の割合はわずかだが減っていることが分かる。平成 20 年の状況と照らし合わせてみると，札幌や青森では空閑地の割合は減少したが，なお高い水準を維持し，福島や山形，山陰や九州などでは，平成 15 年からの 5 年間に空閑地の割合が増加した結果，平成 20 年に高い割合となったことが分かる。この点で，平成 15 年と平成 20 年の調査の比較を見る限りは，県庁所在地における民間世帯が所有する空閑地の割合の高さは，必ずしも常態化しているもののようには思われない。

　なお，すでに述べたように，上記の空閑地のデータは民間世帯の未利用地の

みを示すものであり，実際には，公有地でも学校や公共施設の統廃合などが進められたり，公共事業の見直しなどによって計画していた利用の目途も立たずに，未利用地のまま放置されているものも多いと推測される。

以下では，都市財政と空閑地の関係を議論するとともに，有効利用のための施策の可能性を検討していこう。

なお，本章では紙幅の都合もあり，地方の過疎地の問題については言及せず，地方都市も含めた都市部における空閑地とその財政との関係にのみ焦点を当てて議論する。

2. 空閑地と都市財政

まず，空閑地と都市財政の関係について見てみよう。**図3**は，平成20年の未利用地（空閑地）の割合と平成20年度の財政力指数の関係を見たものである。未利用地が高い地域ほど財政力指数は低く，都市財政が困窮している傾向が見られる[3]。

しかし，現在の税制を考えると，未利用地の増加が都市財政に与える影響については必ずしも明確なことは言えないように思われる。たとえば，地方税である固定資産税や都市計画税の空閑地に対する課税評価は，住宅地の利用に対する特例がなくなるため，むしろ高くなる[4]。家屋を取り壊して空閑地となったとしても，もともと空閑地となるような家屋の評価は低かった可能性も高いから，その税収の減収分はあまり大きくはないだろう。少なくとも民間世帯が所有する空閑地が増加しても，それが直ちに税収を大きく減少させるような問題とはならない。

確かに空閑地の増加は，その地域の地価を低下させるような外部不経済をともなうかもしれない。空閑地に雑草が生い茂れば不法投棄に利用されたり，害虫が発生したりする。さらに多くの空閑地が発生し，近隣が閑散となれば商店

第 1 部　都市の空閑地を考える

図3　未利用地の割合と財政力

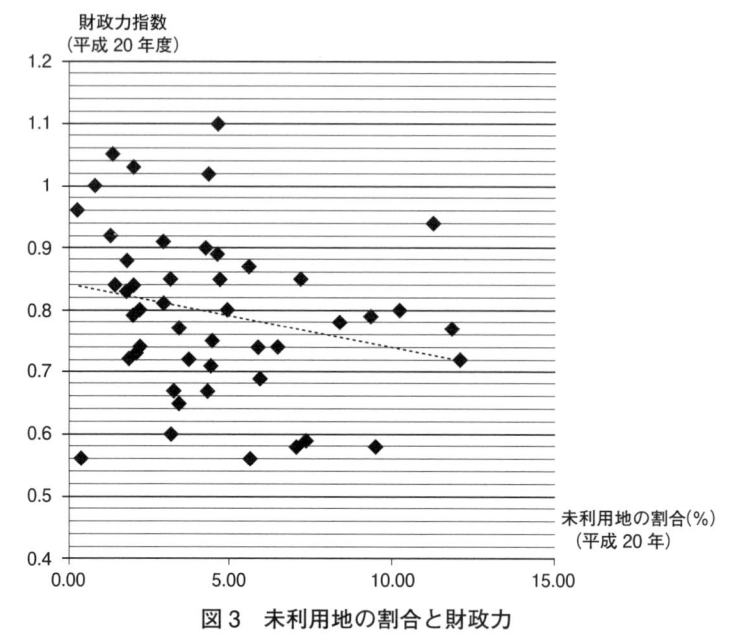

データの出所：未利用地の割合は図1に同じ。
　　　　　　財政力指数：総務省「地方公共団体の主要財政指標一覧
　　　　　　（平成20年度）」
（URL：http://www.soumu.go.jp/iken/shihyo_ichiran.html）から算出。

街の規模や活動も縮小するであろう。夜間照明の減少は治安の悪化を懸念させるかもしれない。このような外部不経済は，周辺地価を低下させる要因として働く。しかし，市内の別地域への移転にともなうような場合も多く，その移転先の地域が発展して地価を上昇させている可能性も否定できない。

　このように考えると，空閑地の発生が都市財政に与える影響は明確ではなく，少なくとも，それを深刻に悪化させるような重要な要因になるとは思われない。実際，**図4**で民間世帯所有の空閑地の割合の増加分（平成15年から平成20年の差分）と財政力指数の変化分（平成16年から平成20年の差分）の関係を見ると，むしろ増加分が大きい地域ほど財政力は高まっている傾向さえ見られる。

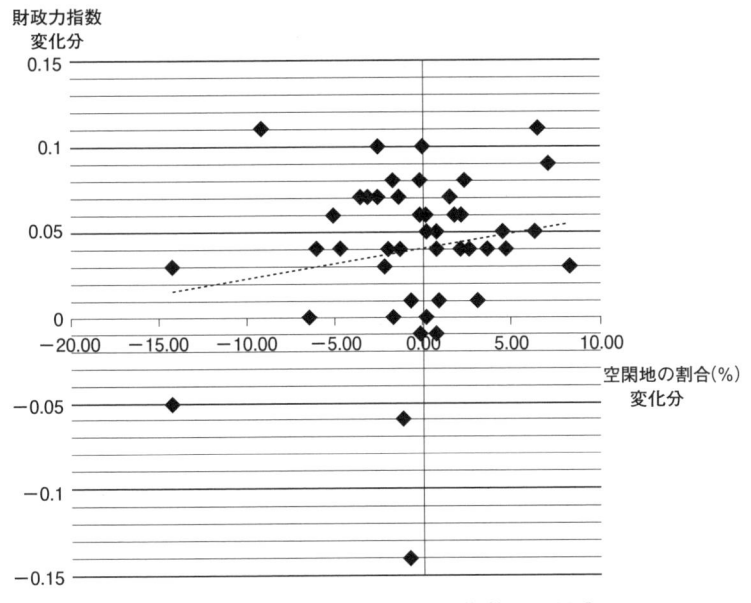

図4 未利用地の増加分と財政力指数の上昇分
データの出所：未利用地の割合の変化分は図2に同じ。
　　　　　　財政力指数の変化分：総務省「地方公共団体の主要財政指標
　　　　　　一覧（平成20年度および平成16年度）」
（URL：http://www.soumu.go.jp/iken/shihyo_ichiran.html）から算出。

3. 地方都市の空閑地の発生要因

　空閑地の増加は、どのような要因に基づくのであろうか。**図5**は、人口増加率と未利用地の割合の散布図を描いたものである。人口増加率が高い都市では未利用地の割合が低くなる傾向が見られる。また**図6**は、都市の高齢化率との関係を示している。高齢化率の高い地域ほど空閑地の割合も高い傾向が見られる。鹿児島、大分、福島は他の県庁所在地と比較して突出して空閑地の割合が高いが、これらをサンプルから除いてみると、上記の傾向がより明確に見られるように思われる。

第 1 部　都市の空閑地を考える

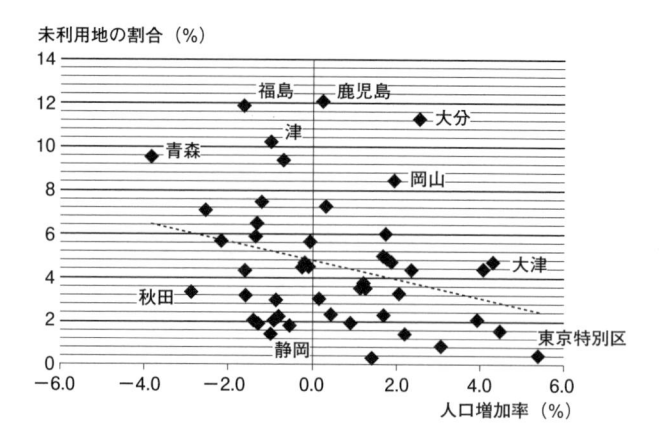

図 5　人口増加率と未利用地の割合

データの出所：未利用地の割合は図 1 に同じ。
　　　　　　　人口増加率：「国勢調査（平成 17 年および平成 22 年）」
(http://www.e-stat.go.jp/SG1/estat/List.do?bid=000000137709&cycode=0)
から抽出し算出。

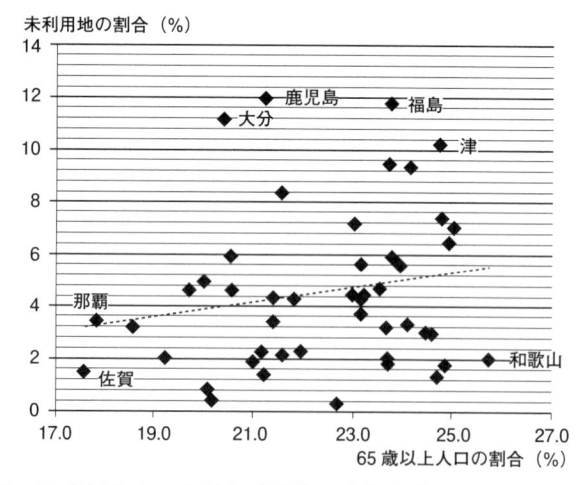

図 6　65 歳以上人口の割合〈平成 20 年〉と未利用地の割合〈平成 22 年〉

データの出所：未利用地の割合は図 1 に同じ。
　　　　　　　人口増加率：「国勢調査（平成 17 年および平成 22 年）」
(http://www.e-stat.go.jp/SG1/estat/List.do?bid=000000137709&cycode=0)
から抽出し算出。

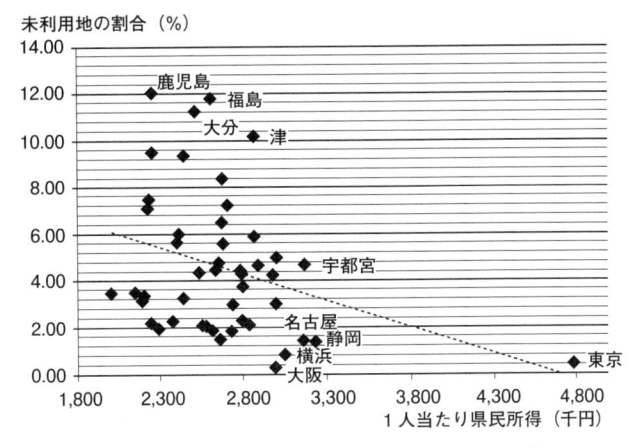

空閑地と都市財政―修正すべき相続税などの税制の歪み―

図7　1人当たり県民所得と未利用地の割合
データの出所：未利用地の割合は図1に同じ。
　　　　　　　1人当たり県民所得：内閣府「県民経済計算」
（URL：http://www.esri.cao.go.jp/jp/sna/data/data_list/kenmin/files/contents/main_h22.html）から算出。

ただし，人口増加率や65歳以上の人口の割合の増加分（差分）と空閑地の割合の増加分（差分）の散布図（図は省略）を描くと，これらの要因との間には明確な傾向は見られなくなる。この点で，これらは空閑地発生の要因というよりも，空閑地の割合が高い地域の特性として，人口減少地域と高い高齢者人口地域があるといえるだけのように思われる。むしろ，地域経済の停滞などの別の主要因があり，その結果として人口減や高齢化が進展していると考えるべきであろう。実際，図7で，県庁所在地が存在する都市の空閑地の割合とその県における1人当たり県民所得との関係を見ると，1人当たりの県民所得が高いほど県庁所在地の空閑地の割合は低くなる傾向が見られる。

4. 郊外部の空閑地と都市財政

未利用地（空閑地）の都市財政への影響を郊外部と中心部の問題に分けて，

第 1 部　都市の空閑地を考える

少し詳しく見てみよう。まず，郊外部の空閑地の問題から考えよう。

郊外部の空閑地の増加が都市財政を悪化させると考えられる理由の一つは，次のようなケースであろう。多額の資金を掛けて自治体や公社などが工業団地や郊外住宅地などを郊外部に整備したが，期待通りの工場誘致や宅地販売が進まず，税収も増えずに地方都市の財政が急速に悪化する。バブル崩壊以降，類似の事例が多くの地方都市で観察された。土地開発公社などによって政策目的の土地を先行取得し，政策自体が見直されて未利用地とその購入のための負債を抱え込むケースも多く見られた。

たとえ開発自体が民間の手による場合であっても，道路や上下水道などのインフラ整備のために，自治体が間接的にでも関与している場合も多い。予定通りに利用されなければ，結局，住民の転入もなく，商業施設も潤わず，住民税や固定資産税などの地方税収も期待通りには増えない。その結果，インフラ整備の費用負担だけが残る。インフラは，その後のメインテナンスにも多大な費用を要するから，地方財政に長く負担を強いることになる。郊外部の開発の失敗は，自治体が直接関与したものだけでなく，民間主導で進められたものも含めて，自治体の財政を悪化させる。しかし，これは空閑地が地方財政を悪化させるという因果関係ではなく，空閑地も地方財政の悪化も，郊外開発の失敗の結果でしかない。

郊外部の未利用地の増加が都市財政を悪化させるとする議論としては，高齢化の進展との関係も考えられる。高齢化によって郊外住宅が空き家となり，さらにそれが取り壊され，そのまま未利用地として放置される。このような郊外部の状況を過疎地の窮状に重ねてイメージするのは自然なことであろう。

しかし，すでに説明したように，都市財政についていえば，高齢者が中心部に転居したとしても同じ都市内にとどまるのであれば，移転先の利用が進み，その地区の地価が上昇する。郊外部の地価が下がっても，中心部などの移転先の地価が上昇すれば，土地からの税収という点では，全体としては大きな影響は生じない。むしろ，中心部で集積の利益が働くのであれば，その地価の上昇

によって税収はむしろ増加する可能性もある。

　地方都市でも，必ずしも人口は減少していないのであるから（**図5参照**），中心部への高齢者の移転が起こっても土地からの税収は少なくとも減少することはない。コンパクトシティーの考え方に立てば，むしろ，中心部への高齢者の集住は行政コストを低減させる効果があり，将来的には，地方の都市財政にとっては好ましい効果を持つ可能性もある。

　言うまでもなく，高齢化が地方財政を悪化させているのは，それが空閑地を増加させているからではなく，高齢化にともなって住民税などの税収が減少する一方で，社会保障関連支出が増加しているからである。この点でも，空閑地が地方財政を悪化させるという因果関係ではなく，空閑地も地方財政の悪化も高齢化の結果でしかない。

　いずれにせよ，空閑地が地方財政を悪化させるのではなく，地域の停滞が空閑地の増加と地方の財政の悪化につながっていると考えるべきであろう。

5. 中心部の空閑地

　次に，都市の中心部における空閑地の発生の問題を考えよう。都市の中心部は人口の集積もあり，地方都市であっても一定程度の収益性や利便性を満たしている場合が多いだろう。モータリゼイションの進展によって郊外部に商業施設が移転した結果，中心市街地の商店は閉店したとしても，その地域の公共施設や交通の利便性などを享受できる分譲・賃貸マンションやオフィスなどへの転用が進む可能性もある。この点で都市の中心部における空閑地の問題は，なぜ利用されなくなった土地を他の人に転売したり，賃貸したりしないのかという点にある。都市の中心部で未利用地が長く放置されることには，何らかの特殊な要因があると考えるべきである。

　これについては二つの重要な問題が複合的に組み合わさっている。一つは，

税制，特に相続税の問題である。相続税の課税評価において，土地の評価は通常，金融資産などと比べて優遇されており，おおむねその評価額は，市場価格の6割程度であると言われる。転売して金融資産になると100％相続資産として課税額の計算に用いられるのに対して，土地で保有すれば，相続財産の額を4割ほど減額できる。特に相続税は累進性が高いため，相続財産が割引換算される効果は税率の軽減にもつながり，節税のメリットは極めて大きなものとなる[5]。このため相続が終わるまでは，できる限り他に譲渡しようとしない。

さらに，相続前に譲渡すると譲渡所得税が課税される可能性があり，これらの課税をさけるためにも，相続まで転売せずに土地を保有し続けることが合理的な行動となる。特に，相続後3年以内に不動産を売却すれば，その相続税額の一部を取得原価に加算することができ，譲渡所得税を軽減できる[6]。この特例のために，相続時まで住宅を転売しないことが最も合理的な選択となってしまう。すでに述べたように，空き地のままで放置すると固定資産税が増額される恐れがあるが，その増税分を負担しても余りあるほど，これらの節税のメリットが大きくなっていると考えられる。

ところで，相続前に譲渡しない方が節税の効果などがあるとしても，賃貸することは可能なはずである。賃貸を通じてより効率的な利用者へ土地が移転することによって，土地の有効利用が達成されるはずである。そのため，少なくとも都市の中心部付近では空閑地が長く発生するような状況が生じるのは別の理由によるものと考えられる。このような問題が生じるのは，山崎（1999）が譲渡所得税の凍結効果において指摘しているように，賃貸借市場が有効に機能していないからである[7]。賃貸借市場が有効に機能していないのは，借地借家法の影響が大きい。よく知られているように，借地借家法によって賃借人は過剰に保護されており，地主の方から賃貸借契約を解除することはできない。借地借家法による賃借人の保護のために，地主が利用したい状況が生じても，契約を解除して土地を取り戻すことは容易にはできない。

定期借地契約が導入されて以降も，その契約の煩雑さや法的なリスクなどを

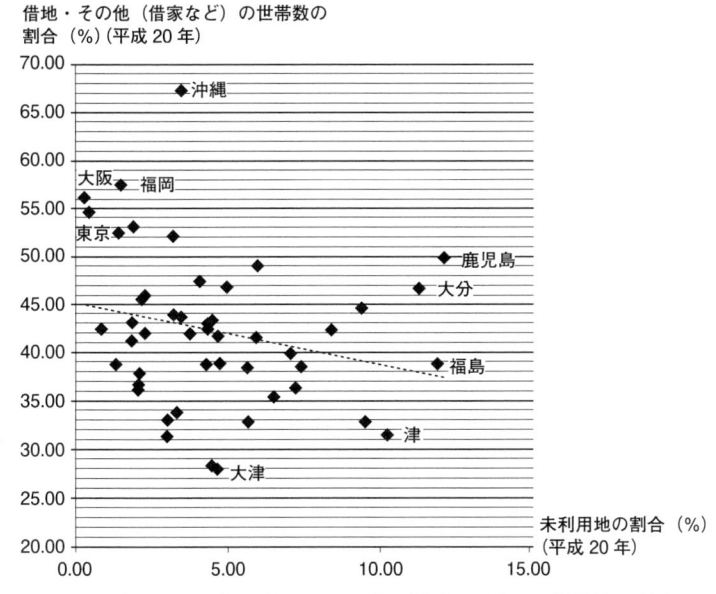

図8 未利用地の割合と借地・その他（借家など）の世帯数の割合
データの出所：未利用地の割合は図1と同じ。
　　　　　　借地・その他（借家など）の世帯数の割合：国土交通省
　　　　　　「土地基本統計（世帯に係る土地基本統計　平成20年）」
（URL：http://tochi.mlit.go.jp/shoyuu-riyou/kihon-chousa）から算出。

考慮して，賃貸を躊躇する傾向は根強くある。しかも，上で述べた譲渡所得税から相続税を控除できる期間はせいぜい3年にすぎない。このため，速やかに土地を売却するためには，できる限り貸さずにおくことが合理的になる。中心部の市街地などに未利用地が生じても，土地を貸そうとはせず，せいぜい駐車場などに転用してしまう[8]。

確かに賃貸住宅を供給すると相続税の課税評価は大きく軽減される。相続税を軽減する手段として，大都市部では広範に利用されている方法である。大都市でこれが可能なのは，これらの地域では，大学生などの単身者向け賃貸住宅の需要が存在するからであると考えられる。このような賃借人は長く居住する可能性は低いから[9]，譲渡を予定している相続人にとっても大きな障害とはな

らず，節税のメリットを享受しやすい。しかし，このような単身者向けの賃貸住宅の需要の少ない地方都市では，相続が終わるまでは空き地やせいぜい駐車場として駐車場業者などに貸すことが合理的になってしまう。このことが，地方都市の中心部における空閑地を増加させている大きな要因である。

図8は，土地基本統計から平成20年の「借地・その他（借家など）の世帯数の割合」を算出し[10]，未利用地の割合との散布図に示したものである。図では，未利用地の割合が低い地域では，「借地・その他（借家など）の世帯数の割合」が高い傾向が観察される。特に大都市圏では，「借地・その他（借家など）の世帯数の割合」が高く，賃貸によって未利用地を減らしている状況が確認できる。これに対して，他の地方都市では「借地・その他（借家など）の世帯数の割合」が低く，単身者の賃貸需要が少ないために空閑地となっているものと思われる。

6. 空閑地の有効利用と税制

このような空閑地の有効利用を促進するためには，どのような施策を講じるべきなのであろうか。これまでの議論から分かるように，まず第一には，都市全体での収益性や生産性を高めることが重要である。この点で用途規制や容積率規制の緩和を進めることも有効であろう。中心部でのこれらの規制緩和は，集積の利益を高め，都市の魅力と収益性・生産性を高める。

その上で空閑地を減らし，その効率的な利用を促進するためには，まず何よりも，税制の歪みを正す必要がある。特に相続税の課税において，金融資産と不動産の間での課税の中立性が満たされなければならない。もちろん，課税評価を高めれば，それだけ課税負担は重くなるから，浅田・山崎（2010）が提案しているように，それに応じた税率の引下げ，累進度の軽減などが検討されるべきであろう。

他方で，土地の効率的な利用を促す上では，土地保有に対する課税を強化す

ることも重要であろう。特に，岩田（1977）が提案した延納利子付き土地譲渡所得課税や，八田（1988）が提案した売却時中立課税などの譲渡所得税の凍結効果を緩和するような税制の改正が検討されるべきである。

これによって，未利用地のまま放置し，保有し続けることに対するペナルティーともなり，将来のキャピタルゲインを期待した非効率な土地保有を減らし，有効利用を進めるため，転売や賃貸を促すことになる。効率的な利用に資する土地移転を促進するように税制全体を改めることが，空閑地を減らす上で最善の策である。

もちろん，このような課税と土地の有効利用を促進する上でも，過剰な賃借権保護を改める必要があることは言うまでもない。

7. おわりに

本章では，空閑地と都市財政の関係を検討し，その上で都市の中心部における空閑地の発生原因に相続税などの税制の問題があることを指摘した。都市における空閑地の発生を抑え，その効率的な利用を促進していくためには，これらの税制の歪みを修正していく必要がある。

しばしば，空閑地を介在させて中心市街地を再編したり，公園や緑地などの整備に利用したり，住宅の集約化などに活用しようとする提案などがなされる。しかし，利用方法を直接自治体が決めること自体，大きな弊害をもたらしかねない。土地の適切な利用方法を決めることは，そこでどれだけの収益性があるかを適切に把握しなければならない。しかし，そもそも自治体が選択できるのは，せいぜい公共的な目的を掲げられるものに限られ，収益性についての十分な情報にアクセスできる立場にもいない。そのため，その施策によって，しばしば民間の効率的な転用機会までも失しかねない。

しかも自治体は，民間のように適切なリスクと失敗時の責任負担を十分に考

慮して収益性を高めるような利用機会を選択するわけではなく，しばしば，安易な希望的計画を実施したがる。中心市街地が活性化すれば，人口も増え，都市財政が健全化するという類の主張はその典型であって，そのような希望のみに基づいて，適切な収益性向上の施策もないままに中心市街地を再編し，結局は膨大なコストを掛けるだけに終わった事例は，日本中で枚挙にいとまがない。安易な計画策定で空閑地利用を推し進めても，結局は計画経済的な失敗を重ねるだけで都市の自治体の財政力を一層悪化させる結果にしかならないであろう。

　実際，90年代には各地方自治体では土地開発公社などを通じて，公共事業用地などを先行取得した。しかし，その後の公共事業の大幅な見直しなどによって，実際には利用されず，その後の地価下落にともなう損失と，先行取得のための借入金の金利負担に耐えきれず，これらの公社の多くが多額の債務超過状態に陥り破綻した。現在の都市財政を考えれば，都市の空閑地について，このような自治体による土地購入を前提とすることはできないし，また可能とも言えない。安易な政策的介入を進める以前に対応できる施策は多数ある。まずは，土地税制の適切なあり方を，効率的な利用の観点から検討することが重要である。

＊本章の作成にあたっては，山崎福寿・中川雅之の両先生から有益なコメントをいただいた。ここに記して謝意を表したい。本章は，文部科学省 科学研究費補助金（基盤研究（c）（23530336））を受けた研究成果の一部である。

1）　統計項目の「利用していない（空き地・原野など）」を「現住居の敷地の所有面積」と「現住居の敷地以外の宅地などの所有面積」の和で除して算出した。
2）　土地基本統計には法人所有の土地のデータもあるが，広範囲に土地を所有している可能性が高く，都市の空閑地の大きさなどを測るには必ずしも適切とは思われないため用いなかった。
3）　点線は回帰直線。以下の図でも，しばしば回帰直線が示されるが，必ずしも統計

的に有意とは言えないものもあり，あくまで傾向を示すものとして表示した。

4) 地方税法349条の3の2および702条の3を参照。
5) 以上の相続税の問題については浅田・山崎（2010）を参照。
6) http://www.nta.go.jp/taxanswer/joto/3267.htm を参照。
7) 山崎（1999）等を参照。
8) 駐車場の課税時の評価については，駐車場の施設を利用者負担で設置することを認めるような契約の場合には，賃貸借契約として相続税の土地の評価額など軽減できる。詳しくは，http://www.nta.go.jp/taxanswer/hyoka/4627.htm を参照。
9) 山崎（1999）および瀬下・山崎（2007）を参照。
10) 「借地・その他（借家など）の世帯数」を「全世帯数」で除して算出した。

〈参考文献〉

浅田義久・山崎福寿（2010），「望ましい相続税制と地価の変動」『日本不動産学会誌』No.91 Vol.23(4)，日本不動産学会

岩田規久男（1977），『土地と住宅の経済学』日本経済新聞社

瀬下博之・山崎福寿（2007），『権利対立の法と経済学』東京大学出版会

八田達夫（1988），『直接税改革』日本経済新聞社

山崎福寿（1999），『土地と住宅市場の経済分析』東京大学出版会

瀬下 博之Ⓒ

戸建住宅地における空閑地のデザイン
― 「縮んで増やす」ための模索 ―

立命館大学 政策科学部 教授
吉 田 友 彦

1. はじめに

　筆者が空閑地の多い戸建住宅地の研究を始めてから15年が過ぎたところであろうか。この間，空き地の目立っていた住宅地の中でも，いくつかの条件の良い立地にあるものは市街化が進んでいるようだ。当時，全く家がなく広大な空き地だった分譲地の中でも，立地の良いものは少しずつ住宅建設が進められている。しかし，市街地から遠方にある立地の悪い住宅地は依然として市街化が進んでいないものも多い。

　現状の都市のあり方を所与のものとして我々の世代の研究課題として引き受けて，その方向性を論じる形ではどうしても対症療法的な話になる。なかなか「根本治療」の話にならないのが歯がゆいところである。

　本章では，既存統計から空閑地とはどういうものなのか筆者なりの理解を整理しつつ，問題の根本的な解決に直接的につながらないかもしれないが，戸建住宅地の空閑地のデザインという観点から，そのあるべき方向性を論じてみたい。

2. 戸建住宅地の空き地率はどのくらいか

　日本の空き家率が13.1%（2008年）となったことはよく知られている。では，「空き地率」はどのように考えればよいだろうか。デザインの話とは少し離れてしまうものの，後半の論点と関係があるので，筆者なりの解釈をまず整理しておきたい。

　抽出調査の結果からの推計ではあるのだが，住宅・土地統計調査によれば，2008年の全国4,980万世帯の普通世帯のうち，478万世帯が「現住居の敷地以外に所有する宅地など」を有している。つまり，全国で1割弱の普通世帯が自宅以外の土地を持っている。自宅以外の土地はどのように利用されているか，これについては図1が示している。これは，住宅・土地統計調査において現住居以外に所有する宅地の利用状況別に普通世帯数の割合を見たものである。約91万1千世帯（複数回答総数の17.7%。普通世帯数に対しては19.1%）が空き地や原野のままで特に利用していない，という結果が出ている。なお，空き地や原野の所有者は91万1千世帯あるのだが，件数でみると98万5千件になっていて，世帯数よりもやや多く存在している。

　「現住居の敷地以外に所有する宅地など」は，自世帯が使用しているものが286万世帯（60.0%），住居または生計をともにしていない配偶者・親などが使用しているものが45万5千世帯（9.5%），そして，その他の世帯・法人などが使用しているものが145万世帯（30.4%）であるから，ちょうど3割が法人や他人の使用なのであり，事業用地が含まれている数値であることを考慮に入れる必要がある。単純に考えれば，全国の戸建住宅2,745万戸に対して，法人所有等を除くために仮に91万1千世帯（あるいは98万5千件）に七掛けをして，60万件から70万件の空き区画が発生している可能性が示唆される。すなわち，2,745万戸の戸建住宅に対して，全国でも2%強の空き区画が発生していることになるだろう。少なめに見積もって63万件（≒911,000 × 0.695）が個人所有の

第 1 部　都市の空閑地を考える

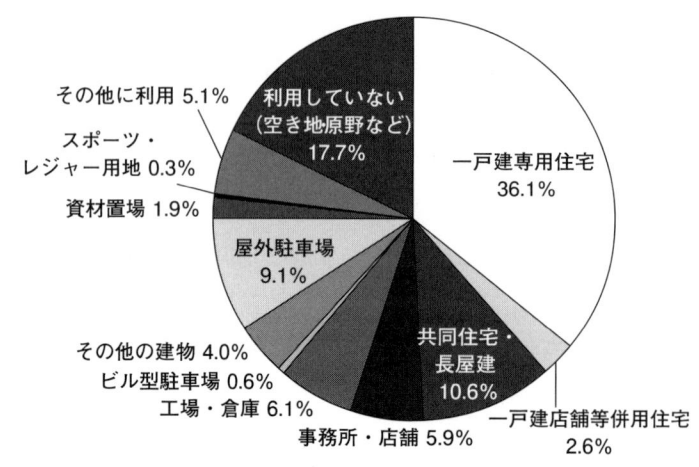

図 1　現住居以外に所有する宅地を有する普通世帯数の利用状況別割合
（全国・住宅・土地統計調査 2008 年。対複数回答総数割合）

- 一戸建専用住宅 36.1%
- 共同住宅・長屋建 10.6%
- 一戸建店舗等併用住宅 2.6%
- 事務所・店舗 5.9%
- 工場・倉庫 6.1%
- ビル型駐車場 0.6%
- その他の建物 4.0%
- 屋外駐車場 9.1%
- 資材置場 1.9%
- スポーツ・レジャー用地 0.3%
- その他に利用 5.1%
- 利用していない（空き地原野など）17.7%

空き区画，すなわち 2.24％（≒ 63/(2,745 + 63)）が空き区画率と推計されることになる。あるいは，法人所有も含めて 98 万 5 千件の全てが戸建住宅向けの宅地とみなせば，3.46％（≒ 98.5/(2,745 + 98.5)）ということになるので，ざっくりと見て，「2％から 3％が全国的な戸建住宅地の空き地率」と推計できる。

いずれにしろ，説明が苦しい推計である。戸建住宅地における空き区画の包括的な統計はいまのところ存在しないので，このような間接的な推計で想像するしかない。経験的に言えば，戸建住宅地の分譲区画は空き地か否かにかかわらず，いったん個人地主に売買されるケースがほとんどであり，仲介業者が塩漬けの土地を持ち続けることはあまりない。したがって，間接的な推計とは言え，全国的に見ればおおむねこのような数字（2％から 3％）になるのではないだろうか。「日本全国の空き家率は 13％，戸建住宅地の空き地率は 2～3％」（2008 年）といった小括ができるであろう。ただし，郊外を中心として個々の戸建住宅団地を観察した筆者の経験から言えば，計算上，何を分母とするかによって，空き地率やビルトアップ率には大きなばらつきがあり，日本の郊外地域の状態は，この数値が示すほど楽観的な状態にないことは言うまでもない。

3. 敷地外で想定される駐車場の割合

　戸建住宅地においては，一旦ビルトアップが進んだ後，じわじわと空き区画が増えていく傾向が一般的に見られ，その一部が団地内住民の2台目の自家用車の駐車場として利用されることがよくある。1区画の空き地が4，5台の駐車場になる場合もあるし，売れ残った集約的な空き地が大きな駐車場として利用されている場合もある。戸建住宅地の区画総数における自宅敷地外の駐車場の割合，あまり一般的な用語ではないが，「駐車場率」はいくらか，という問いを設定することができるだろう。道路を除いた正味の宅地面積で考える必要があり，細かく考えるときりがないので，ここでは問いを単純化しておこう。すなわち，「戸建住宅地において全区画数のうち何割ぐらいが自宅外の駐車場になり得るか？」という問いである。空閑地の多い戸建住宅地を考える上で，2台目以降の駐車場利用のいわば期待値を考えることは重要な作業であるだろう。

　図1では，現住居以外の敷地を有する世帯のうち，9.1％が駐車場として現住居以外の敷地を利用しているという統計結果が見られた。しかし，これは全国のあらゆる普通世帯を分母とした数値であり，広い意味を持ちすぎるので，戸建住宅地を想定した別の統計から論じる必要がある。

　これを考えるために検討したのが図2である。やや古い統計であるが，2003年の住宅・土地統計調査により作成したものである。建て方，所有関係，敷地面積の規模別に，敷地外に駐車スペースを有する専用住宅数の割合を見ている。このデータによれば，全国約4,700万世帯の主世帯のうち，3,436万世帯（約73％）が自動車を保有するとされている。共同建住宅の場合は，1棟単位の敷地なので単純に戸建住宅との比較は困難であるものの，1つのグラフの中で表現している。敷地面積が広くなればなるほど，敷地外に駐車スペースを有する割合が低くなる。直感的にも当然の傾向である。2003年の住宅・土地統計調

第 1 部　都市の空閑地を考える

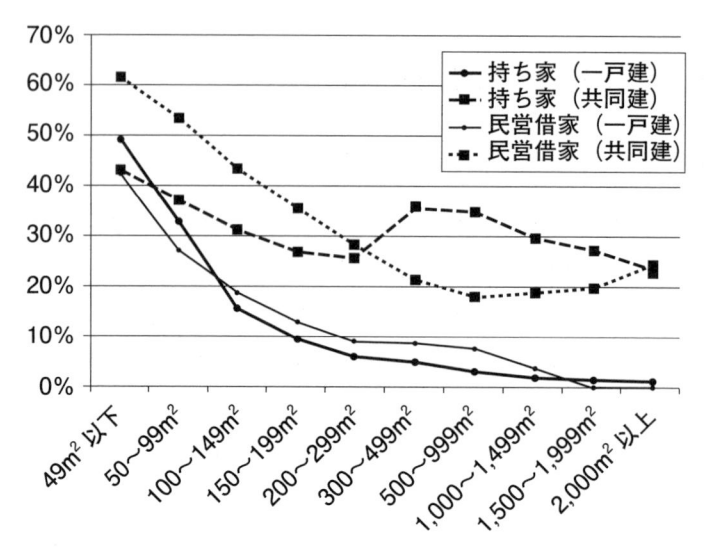

図 2　自動車を保有する主世帯のうち敷地外に駐車スペースを有する割合（敷地面積別）
（建て方別・所有関係別専用住宅数。全国・住宅・土地統計調査 2003 年により作成）

査における持ち家一戸建住宅の平均敷地面積は 285.27㎡である一方，民営借家一戸建住宅の平均敷地面積は 128.45㎡である。一戸建住宅についての統計値を見てみれば，平均的な持ち家はその 6.4％が，民営借家は 9.4％が敷地外に駐車スペースを有すると推定できる。戸建住宅地では，一般に持ち家を想定すべきであるが，一定の借家層も混合しているため，敷地外に駐車スペースを有する世帯数は 6.4％よりもやや高めになるであろうから，ざっくりと「1 割弱」，より正確に言えば「7 ％程度」と言うことができるだろう。もちろん，遠方の郊外住宅地で子育て層の割合が多ければ多いほど，2 台目の自動車利用が多くなるであろうから，こうした地域的社会的な要因を排除した上での平均値の話である。

　持ち家共同建住宅における 300㎡以上の敷地における 3 割から 4 割の間で見られるピークは，いわゆる分譲マンションであろう。300㎡未満の敷地をもつ

分譲マンションはあまり面積規模的に想定できないので，ここから左はごく少数かつ小規模の2戸から3戸建ての共同建住宅となる。したがって，いわゆる分譲マンションについては，敷地規模によって異なるものの23％から35％程度の世帯がマンション敷地外に駐車スペースを確保していると見られる。なお，駐車スペースが敷地内にあるか，敷地外にあるかという点については，複数回答なので，それぞれの回答に重複世帯が一部含まれている。

　以上から，平均的な戸建住宅地の区画規模から考えると，戸建住宅の自動車保有者のうちの「7％程度」が敷地外に駐車スペースを有していると小括することができる。

4. 戸建住宅地における2区画統合販売のデザイン

　ざっくりと見て，戸建住宅地全体の空き地率は2〜3％，駐車場率の期待値は居住世帯数に対する7％程度ということがわかった。では，具体的に空き区画の見た目をどのようにデザインすべきか，というさらに重要な問いに取り組んでみよう。どう考えても，住宅地の空き区画は少ない方が望ましい。そもそも空き地をつくることを一番の目的として開発を行う者はいないはずである。しかしながら，空き区画の発生は住宅地の宿命である。これをいかにコントロールすべきかが，次世代の都市計画や住宅政策の課題となる。

　ここではまず，空き区画を解消するためには実際にどのような工夫が考えられるのかということについて，戸建住宅団地の実際の販売事例，すなわち市場の反応を見ることによってその方向性を考えてみたい。とりわけ，空き区画の存在をポジティブな価値に転換して，市場での支持を得ながら販売促進できるかという課題である。

　空き地を有する住宅地開発の中でも，区画割を工夫することによって，販売促進に成功したのではないかと思われる事例がある。千葉県O町にあるA団

第 1 部　都市の空閑地を考える

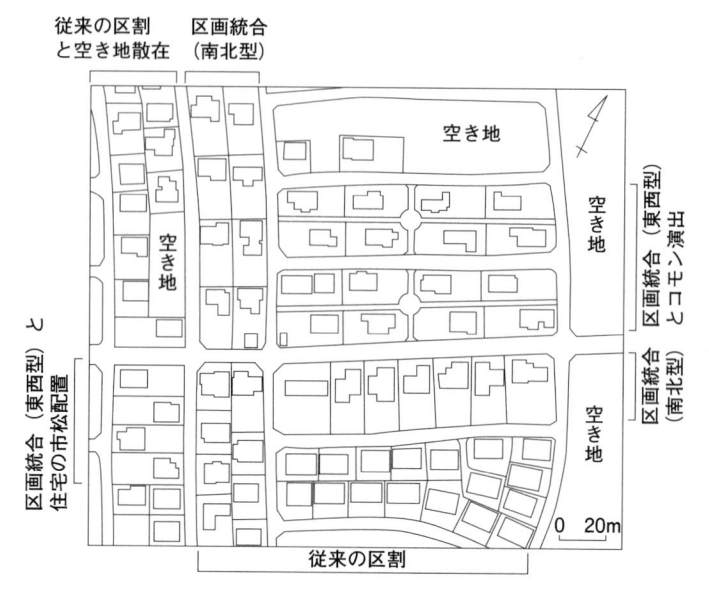

図 3　戸建住宅地における 2 区画統合販売例（A 団地の一部）
（2013 年 6 月閲覧 Google 社空中写真より作成。ほぼ現況を
反映したモデル図）

地の例である。Google マップの空中写真から，区画割と住宅の建設状況を再現したものが図 3 である。Google マップのクレジットには「@2013Digital Earth Technology」とあるので，最新の状態を閲覧できたものと思われる。この空中写真をほぼ現状のまま描き起こしたが，建物の外郭については画像の解像度の限界もあり若干の誤差がある。現状にほぼ即しているとはいえ，あくまでデフォルメしたモデル図として図 3 を見ていただきたい。

　空閑地の研究を始めた当初，A 団地を数回訪れたことがある。団地内の 8 割から 9 割が空き地となる広大な住宅地であった。夏季に生えてくる雑草を防ぐため，高速道路等で使用される深緑色の土木用防草シートが一面に敷かれた光景が印象的であった。現在，インターネット上の空中写真から見る限り，山側にあってやや高低差のある区画において，若干の売れ残りがあるようだが，おおむね建ぺいが進んできたように見える。十数年前に 2 割程度しか埋まって

いなかったビルトアップ率は，4割か5割にまで達しているように見える。

　その後，A団地では特徴的な「区画統合」が進められている。「区画統合」と言っても，一度売り切った区画において2人の地権者の権利を統合するという合筆行為ではなく，なかなか売買が進まない販売事業者保有の土地について，2区画用の土地（おそらく2筆）をあらかじめ1つの単位として販売する行為を，ここでは広義に「区画統合」と言うことにする。

　一般的な土地分譲であれば，買主の立地志向から売買が進み，かつ住宅の建築時期も買主の意向に依存するため空き地が散在し，バラバラに住宅が建っていく。実際，A団地ではほとんどの区画がそのような従来の区割によって販売されているのだが，ある特定の街区では以下のようにいくつかの工夫の跡が見られる。

　まず，2区画を1つの単位として統合して販売する方法である。この区画統合には南北型と東西型があり，A団地ではそれらが混合している。長辺が東西に向いている街区の場合と，長辺が南北に向いている街区の場合などによっても，それぞれ住宅地の景観は異なってくる。

　また，住宅の配置方法にも工夫が見られる。区画統合を行った後に市松模様に交互に住宅を配置する例がある。この例では，住宅のどの面においても隣家と接することがないため，360度にわたって壁面は日光を遮られることがない。ただし，どの方向からも家の内部が見られるため，プライバシーがやや欠如した配置になる。

　一部では，東西に区画統合を行いつつ，各住宅の背面を緑道でつなぎ，中央部にコモンのようなロータリーを設けている街区がある。土地区画に対する住宅の建ぺいは相当に余裕があるように見える。団地全体の中でわずか2つの街区ではあるが，一般的な平易な区画割と比較すれば，デザイン性に富んだものとなっている。

　これらの区画統合や住宅配置は当初から計画されていたものではない。当初の販売用パンフレットには，このような統合については一切触れられていない。

市街化が進まない現状を踏まえた上で柔軟な再区画を行ったものと思われる。

　従来の区画割による土地区画は，統合後の区画に比べるとかなり小さく見え，見劣りがするのも事実である。統合後の1区画を従前の2倍の価格で販売したかどうかは不明であるが，おそらくは2倍以下の価格によって割安感を出す中でコモンの創出などの付加価値を付けながら2倍ぎりぎりの価格帯を目指して販売が進んだのではないかと推察される。従前の区画を購入した者から見れば，2倍の規模の区画が2倍以下の価格で販売されるのを見るのは複雑な心境があったに違いない。しかし，区画割の変更によって，緑被率が向上し，地区全体の景観が向上したとすれば，統合販売の合理性は一定程度説明ができるものと思われる。

5. 戸建住宅地における空閑地デザインの考え方
　　——その1：高ビルトアップ率の場合

　戸建住宅地の市街化過程は，全く家の建たない住宅地からほとんど建設完了した住宅地までさまざまである。ビルトアップ率でいえば，0%から100%の幅で考える必要がある。残念ながら，0%の住宅地が存在するのも事実である。とはいえ多くの場合，ビルトアップ率が100%近くとなって市街化が完了するので，まずは100%に近い住宅地のデザインを考える必要がある。ビルトアップ率が高い場合は，相続の困難や市場での売買待ちのために空隙化が進み，いわゆる「穴あけ（perforation）」という現象が起きる。

　こうした「穴あけ（perforation）」を開発当初から数十年を経た持続過程に至るまでどのようにコントロールするべきなのか，モデルとして論じておく必要がある。図4は，図3で見た実際の住宅地の街区構成に準じながら，あくまで架空の市街化を経る街区として，高ビルトアップ率と低ビルトアップ率に分けて，モデル化を試みたものである。左は開発当初の図，右は持続過程に入った

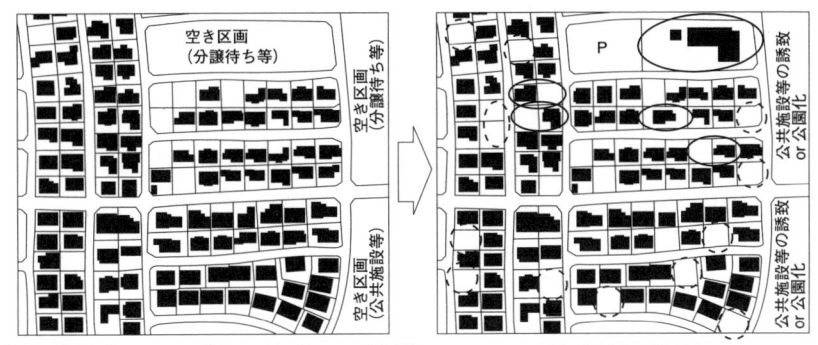

戸建住宅地における空閑地のデザイン―「縮んで増やす」ための模索―

図4　戸建住宅地の空閑地化のモデル図（高ビルトアップ率）
（左：開発当初，右：持続過程。実線○が区画統合等，点線○が空き地化）

図を示している。点線の円は空き地化，実線の円は区画統合や建ぺいの変化が進む部分である。

　個々の区画の空き地化は確率的に発生するため予測が不可能であり，連担性のコントロールも難しいだろう。2区画の統合は住宅の利用価値を高め，ビルトアップ率も結果的に高くなるので，積極的に推進する必要がある。空き地はあくまで偶発的に発生するため，街区の景観を統一的に導くためには南北型か東西型に統一する方が望ましいと言えるだろう。図4では，東西型の区画統合を想定した。

　区画統合が進めば分母が小さくなるので，自然とビルトアップ率も高くなる。架空のモデル図では，ビルトアップ率が93.2％から84.1％にまで低下しているが，さほど大きなダメージを与えるものではない。駐車場については，前述のように街区の居住世帯数の7％程度か，多くても1割程度を確保することが望ましいが，個々の区画がそのまま駐車場に変化していくことは，規模的に数台にとどまるのであまり期待できる方向ではない。分筆されずに販売業者がまとまった空き地を持っているような分譲待ちの区画がある場合，1割程度を需要量として2台目用の駐車場に変化させるとよいのではないかと思われる（図中

のPが駐車場)。たとえば95世帯の1割は約10世帯であり，1台25㎡を必要面積と想定すれば，必要な駐車場は250㎡程度となる。したがって，2区画以上を駐車場にすれば，十分な容量が確保できる(**図4**は6区画なので過剰である)。また，分譲待ちの空き区画については，こうした街区は用途地域上の制限もあるだろうが，地区計画等を通じて利便性の高い公的施設を誘致したり，公園的な用途に活用していく必要がある。

6. 戸建住宅地における空閑地デザインの考え方
——その2：低ビルトアップ率の場合

　一方，低ビルトアップ率の地区の場合である。そもそも21.4％しかビルトアップしていない架空の街区をモデルとして**図5**に示した。このような地区では，毎年2度ほどの雑草の管理が住民や行政にとって大きな負担となる。雑草管理に協力しない地主もあり，町並み景観としても好ましくない。経験的に言って，雑草刈りは年1回で済むものではない。

　筆者はかつて，このような街区をまとめてアクセス道路を閉鎖し，むしろ積極的に林地利用に転換することを提案した。使われない道路は大雨時に侵食されるので，アスファルトの劣化が著しいため閉鎖することによって行政の管理費用を節約できる。ただし，林地部分の区画の地主に対しては将来的な宅地利用を妨げるものではなく，住宅建設を希望する時には林地以外の宅地部分との権利交換により住宅建設の可能性を保障する必要がある。すなわち，林地利用は形式上は一時利用に留まるものであり，永続的かつ固定的な林地利用を強制するわけではない。林地部分の植栽は中低木を中心として市民利用を想定してもよいし，高木を中心とした里山的な粗放化を軸としてもよかろう。住宅地にとって，身近に自然の要素があることは決してマイナスにはならないはずであり，適正な樹種選択をすれば，住民活動にとっての何らかの資源にもなり得る

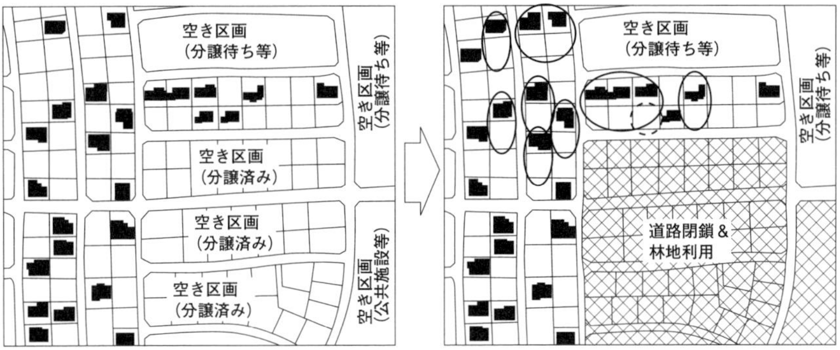
空き区画
(分譲待ち等)
空き区画
(分譲待ち等)
空き区画
(分譲済み)
空き区画
(分譲済み)
空き区画
(公共施設等)
空き区画
(分譲済み)
空き区画
(分譲待ち等)
空き区画
(分譲待ち等)
道路閉鎖＆
林地利用
宅地街区ビルトアップ率 25／117＝21.4%
26／58＝44.8%

図5 戸建住宅地の空閑地化のモデル図（低ビルトアップ率）
（左：開発当初，右：持続過程。実線○が区画統合，点線○が空き地化）

はずである。低ビルトアップ率地区では，**図5**の上側にある「空き区画（分譲待ち等)」の部分が売買されて住宅が建つことはほとんど期待できないが，販売業者等がまとまった土地を保有している場合には，これらも追加的に林地あるいは緑地利用してもよい。

低ビルトアップ率地区においてこそ，2区画統合を推進することが望ましい。隣接地主が当該地主に対して権利を手放すようなインセンティブや制度的基盤を整えつつ，東西型か南北型かを検討しながら，町並み景観の統一感を醸成する方向に誘導するとよいのではないだろうか。**図5**では南北型の区画統合を想定した。うまく内部化を進めれば，A団地で見たように地区景観の改善も進むことだろう。ただし，このような区画統合の場合，2台目の駐車場は当該敷地内で確保できるので，敷地外駐車場の必要性はほとんどなくなる。

7.「縮んで増やす」戸建住宅地

戸建住宅地における空閑地のデザインを考えてみた。主な論点は，①空き地率をどう見込むか，②駐車場への期待度合いはどの程度か，③2区画統合をど

のように推進するか,そして④まとまった空閑地を林地利用するかどうか,の4点になろうかと思う。2区画統合については,実際に市場がそのように動いてきており,この動きをサポートして内部化する制度的裏付けが必要である。また林地利用については,住宅地全体の資産価値を高めるために,敢えて宅地を部分的に林地にしてはどうかという提案であった。「林地利用」と言葉で言うのは容易であるものの,私有財産の保護のため将来的な宅地利用を地主に対してどのように担保するのか,あるいは農地法や固定資産税制の観点から事業後の林地をどのように位置付けるかなど,いくつかの潜在的な障壁を抱えた提案になっている。

「縮んで増やす」とは筆者の造語である。「スマート・シュリンク」という言葉もあるが,これとは意味合いが微妙に異なる。目的語は特に想定せず,何かを増やすことを意図している。何を縮めて,何を増やしたいのか,ということは個々の事例によって様々であり,なかなか特定することは難しい。ぼんやりとした言葉ではあるが,「縮んで増やす」ための戸建住宅地の空閑地のあり方について,多方面において妙案が求められる時代となっているのではないかと思う。

吉田 友彦Ⓒ

空閑地を活かした都市の未来像
―新たなガーデンシティの形成に向けて―

東京大学大学院 工学系研究科 教授
横 張 真

1. 都市の空洞化

　アメリカ・ミシガン州デトロイト。アメリカ自動車産業の中核都市として，最盛期の1950年代には人口200万人を擁した大都会は，しかし自動車産業の衰退とともに人口が減少し，今や往時の半分以下の90万人。貧困率34％，失業率22％という数字は，いずれも全米屈指の高水準。市の中心街からわずか数キロにあるかつての住宅街は，廃墟と空地が連続する，まさにゴーストタウンの様相を呈している。白昼堂々と，住宅街の路上で麻薬の取引が行われる様を目にすることも，デトロイトにあっては決して珍しいことではない。

　もちろん，デトロイトは極端なケースだろう。しかし，北米のみならずドイツ，イギリス等の先進諸国のかつての工業都市の多くは今，デトロイトと同様に，産業の衰退に伴う人口の減少に直面している。その結果，こうした都市では，かつての工場地帯のみならず住宅街もが空洞化し，治安や住環境の悪化が深刻な社会問題となっている。

　翻って日本はどうか。一時的に回復傾向とはいえ，長期的に見れば明るい材料の少ない経済状況のもとにあっても，その都市の多くでは，未だ深刻な社会

問題の発生は認められていない。しかし，日本の都市の場合には，産業の衰退とは異なる懸念材料がある。それは，今後，急速に進むとされる人口減少と超高齢化である。国立社会保障・人口問題研究所は，2040年の日本の総人口が，三大都市圏を含むすべての都道府県で2010年を下回ると予測する。さらに，65歳以上および75歳以上の人口の指数（2010年を100としたときの数字）を，全国の市区町村について求めた結果，指数の高い自治体が，三大都市圏や政令指定都市とその周囲に集中するとしている。著しい速度で高齢化が進行する地域が，都市やその縁辺部に特に集中することになるというわけだ。

2. 都市構造の変化パターン

　人口減少と超高齢化は，自ずと人口が集積する都市の構造に変化をもたらすことになろう。事実，高度経済成長の波にのって郊外に次々と建設されたニュータウンを訪れると，高齢者ばかりが住むオールドタウンと化すなかで，空き家や空き店舗とともに，充填される目途の立たない小規模な空閑地が発生しはじめているのを目にする。周囲の農村を蚕食し，つねに外縁へと成長・拡大を続けてきた都市が，その様相を大きく変え始めている。

　しかし，一口に都市構造の変化と言っても，そこには様々なパターンがあるだろう。たとえば三大都市圏の多くの都市や政令指定都市では，人口の都心回帰による中心部での人口増加のみならず，郊外においても，老朽化したニュータウンの潰廃が進む一方で，単身世帯の増加や世帯当たり占有面積の拡大により，住宅地の新規開発は相変わらず継続するだろう。つまり，中核では人口がさらに集積する，郊外部では老朽化による潰廃と農林地を蚕食する従来型の開発とが同時多発的に進行する。その両者をあわせ都市圏としてみると，人口は決して大きくは減少しない。市街地も，部分的には空洞化する箇所を含みつつも，少なくとも見かけ上は，将来的にも決して大きく縮退するわけではないだ

ろう。

　県庁所在地のような地方中核都市はどうか。シャッター通りに代表される中心部の空洞化は，いかに各種施策が講じられようとも，その進行に本質的な歯止めをかけるのは困難だろう。他方，郊外部ではショッピングモールや新たな住宅地の開発が継続する。いわゆるエッジシティ化の進行が，今後とも継続するものと想定される。つまり，ここでも都市圏としてみれば，人口は漸減するものの，市街地は移ろいつつも拡散し続けるのではなかろうか。

　問題は，地方の中小規模の都市だろう。人口の減少や高齢化のさらなる進行により，従来，山村や中山間農村に限られていた過疎化が平場の中小都市にまで及ぶようになり，既成市街地の空洞化が卓越するようになるだろう。人口が絶対的に減少するため，郊外に新規開発が発生するわけでもない。人口と土地利用の両面における，本当の意味での縮退が発生し始めるものと考えられる。

3. 様々な変化パターンとオープンスペース

　では，こうした構造の変化パターンは，空閑地の発生や農林地の潰廃という面では，どのような特徴をもつのか。

　まず，三大都市圏の多くの都市や政令指定都市等が含まれる「成長維持」パターンでは，築後40〜50年を経過したニュータウンや住工混在地帯において，住棟の老朽化や工場の転出等に伴う空閑地，いわゆるグレイフィールドやブラウンフィールドの発生が多くみられるようになるだろう。しかし，こうした空閑地は恒久的なものではなく，次の開発が入るまでの暫定的な存在にすぎない場合が多いだろう。期間限定の暫定的な空閑地というわけだ。他方，特に郊外部においては，住宅地の新規開発の進行と農林業の衰退に伴う農林地の潰廃が，従来どおり進行するものと考えられる。

　次に，地方中核都市の多くでみられると考えられる「エッジシティ化」パタ

ーンでは，先の成長維持パターン同様に，今後，中心市街地において空閑地が多数発生するものと考えられる。しかし，それらのなかには，次の開発が見込めないまま恒久的な空閑地として存在し続けるものも多いだろう。一方，郊外部における住宅地の新規開発に伴う農林地の潰廃は，従来どおり，あるいはそれ以上に進行するものと考えられる。

最後に，地方中小都市を中心とした「過疎化」パターンでは，中心市街地における放棄地と化した恒久的な空閑地の発生が，なによりも顕著となるだろう。また，住宅地の新規開発という「外圧」がなくとも，農林業自身の衰退という内的な事情のもと，放棄された農林地が増加することも十分に想定される。既成市街地の内外両面において，利用見込みのない放棄された土地の大量発生が見込まれる。

4. 暫定空閑地の緑地利用

今後わが国で進行すると想定される都市の構造変化は，成り行きに任せるならば，空閑地の発生や農林地の潰廃の同時発生をもたらすものとなる。なかでも，既成市街地内における五月雨状の空閑地の発生は，一般に，低密度に拡散した無秩序な市街地の形成につながるゆえに，回避すべきものとされる。

今後の都市政策のあり方を標榜する語のひとつとして，コンパクトシティがある。低密度に拡散した市街地は，人や物資の移動に要するエネルギーが多く，様々なインフラを整備する上でも非効率である。市街地をコンパクトに凝集させればこうした弊害を免れることができ，環境負荷の軽減にも寄与する。また，市街地を凝集すれば，市街地と混在した中途半端な空閑地にかわって，広大な緑地をその背後に確保できる。都市のコンパクト化は，五月雨状の空閑地の発生による低密拡散した市街地の発生を防ぐとともに，環境にやさしい持続的な都市の形成にもつながり，良いことずくめのようにも思える。

空閑地を活かした都市の未来像—新たなガーデンシティの形成に向けて—

　しかし，コンパクトな都市の形成には，相当に強権的な政策のもと，膨大な公的資金の投入を要するだろう。自治体の財政難が指摘され，民意を的確に反映したボトムアップ型の政策決定が必須とされる時代にあって，チカラとカネに頼った政策展開は，可能であるか否か以前に，そもそも時代錯誤とも言える。コンパクトな街の形成に数々のメリットがあることは論を待たない。しかし，今必要なのは，無理にコンパクト化を目指すのではなく，むしろ空閑地を上手く活用するコンセプトや方法論の確立と，それに根ざした政策展開ではなかろうか。

　では，どのような活用策があるか。そのひとつに，緑地としての活用が考えられる。従来の都市緑地の保全・整備にかかわる様々な施策は，都市の拡大が支配的であった社会情勢のもと，黙っていては失われてしまう緑地を，都市施設のひとつとして確保することで，その永続性を担保しようとするものであった。しかし今や，黙っていても緑地の種地としての空閑地が手に入る時代が訪れようとしている。ただしそれは，小規模かつ暫定的である場合が多い。こうした種地を，無理に既存の制度や概念のもとで集約・固定化することは，現実的でないばかりか，そうした土地ゆえのポテンシャルを潰してしまうことにもなりかねない。たとえば，空閑地が同時多発的かつ恒常的に明滅することを許容しつつも，あるエリア内に存在する空閑地の総量は常に一定に保たれるよう，明滅を動的に制御するシステムを確立することで，空閑地を都市緑地のひとつとして上手に利用することは考えられないだろうか。

　こうした発想は，ゾーニングをベースとした恒久的・固定的な従来の緑地のあり方に対して，暫定的であることを積極的に位置づける計画のあり方と，それを裏付ける制度の制定を促すものとなる。確かに，土地利用という本来的には長い時間軸のなかでの安定性が問われるべき存在に対して，暫定的であることを積極的に容認する発想を持ち込むことは，混乱の誘発に終わってしまう危険性をも孕む。しかし社会の有り様がそもそも，"変わらない"パーツを積み上げる静的安定を志向した時代から，"変わる"パーツを適正に制御する動的

平衡状態を志向する時代に変化しつつある今日，緑地の有り様もまた，そうした時代に呼応したものとなる必要があるだろう。暫定性を積極的に受け止める弾力的な緑地の形成は，種地としての空閑地が，同時多発的かつ恒常的に明滅するという性格をもつことに妥協・迎合したというよりも，こうした時代の有り様に積極的に呼応したコンセプトと位置づけるべきだ。

5.「農」のある街

　では，こうした既成市街地内に発生する空閑地を，どのような緑地として整備したらよいか。困難な財政状況にある多くの自治体にとって，公有地化し公園として整備するという選択肢は論外だろう。そもそも，個々には住宅一軒分の敷地しかないような土地を公園として整備することは，よほどの密集市街地でない限りナンセンスと言うべきだろう。

　一方，近年の都市住民によるオープンスペース需要のうち，特徴的なもののひとつに農園がある。定年退職者を中心とした中高年層の間で，家庭菜園や市民農園，体験農園等で農作物栽培を楽しむ「農のある生活」が，注目を集めている。高齢化の進行に伴い，今後，住宅に隣接した農園に対する需要は，さらに高まることが予想される。

　海外に目を向けても，既成市街地内の空閑地を農園として整備した事例は，近年とくに増えている。ニューヨークでは，Green thumb と呼ばれる市当局の認定制度のもと，ブラウンフィールド等の空閑地をコミュニティガーデンとして整備した箇所が 600 を超える。ベルリンでは，市中心部のビル跡地を利用し NPO が開設した農園が，ベルリン市民の間のみならずドイツ全土で評判を呼んでいる。コペンハーゲン郊外の再開発地区には，建設の進行とともに場を変えながら，暫定的に開設されている農園がある。先進国のみならず発展途上国でも，市街地内に農園が整備された事例は多い。フィリピンのマニラ市では，

住宅団地内の空閑地に農園が開設され、周囲の住宅から発生する生ゴミをコンポスト化して受け入れつつ、収穫された野菜が周囲の住宅で消費されるといった、小規模循環システムが機能しているところがある。食料供給をはじめ貧困対策、防犯、教育と、設置の経緯や機能は様々であるものの、市街地内での農園整備は、今日、先進国・発展途上国を問わず、世界的な動向となっている。

わが国でも、市街地内に発生する空閑地を、農園として整備することは考えられないだろうか。空閑地の発生が予想される市街地は、開発年次の古い箇所が多いため、一般に中高年層が居住する割合が高い。農園の需要がとくに見込まれる地域と言える。そうした市街地に発生する空閑地を農園として整備することは、モビリティが低くなった高齢者にとっては、きわめて好都合である。面積が狭小かつ暫定的である場合が多いことも、農園利用という面からは決してマイナス要因にはならない。想定される利用者の主体が高齢者であることを考えれば、暫定的であることは、むしろ好都合であるとさえ言える。

強引なコンパクト化を図るよりも、ある程度のエッジシティ化を許容しつつ、ニュータウンやショッピングモールの建設を通じて得られた利潤が、農園を伴った住宅地としての中心市街地の再生にうまく流れる仕組みを考える方が、ずっとスマートではないだろうか。駅前ロータリーに面して、シャッターの閉ざされた商店街にかわって、農園と住宅が織りなすランドスケープが広がるというのも、新しい都市の姿として悪くない。

6. 新たなガーデンシティの形成にむけて

従来、わが国の緑地行政は、公有地に公共施設として公園を整備し、永続的であることを前提に、公的主体により維持管理がなされることを基調としてきた。空閑地を暫定的な緑地として整備することは、そうしたあり方の対極に位置するものである。しかし、先にも指摘したように、暫定性を基調とした民有

緑地の整備は，日本のみならず社会資本のストックが一定水準に達した先進国の都市に共通に見られるものであり，今後の緑地整備の主役のひとつになり得るものとも考えられる。

では，こうした新たな社会要求に対して，我々はどのように向き合うべきか。「官」にあっては，「民有」「暫定」が重要なキーワードであるとの認識のもと，施策展開にかかわる基本姿勢や制度的枠組みを，大きく方向転換する必要があるだろう。一方，空間の所有および整備の主体となる「民」については，自らの行為が有する公共的性格に対する明確な自覚が望まれる。「日本には，共同はあれども公共がない」とは，しばしば指摘されるところである。そうした従来の日本社会が持っていた限界を越え，私空間における私的行為であったとしても，それが公共の利益や福祉にも直結するとの認識のもと，自らの行為を「公共」という観点から律する姿勢が望まれる。

もちろん，こうした公私にわたる姿勢の変化は，私的財産にかかわる各種制度のあり方の見直しにもつながるものであり，そう容易な課題でないことは論を待たない。しかし，人口減少，超高齢化，ポスト経済成長が，今後の日本社会の不可避な方向性であるとするならば，そうした将来に対応すべく，比較的歪みが生じにくい事象から徐々に舵を切り，次第に社会全体の方向性を変えていく段階的・戦略的な方向転換を，一刻も早く始める必要があろう。暫定性を基調とした空閑地の緑地としての整備は，日本社会全体の大きな方向転換の嚆矢としての意義をも持つ。

空閑地を内包する街を緑によってデザインすることで，街全体をガーデン化し，その魅力を高めていく。今後の日本の都市にとって不可避の命題のひとつとされる，街のコンパクト化を進める際にも，そうした発想が必要だろう。街の中心部に飴をぶら下げ，資本や人を強引に引き寄せるのではなく，むしろ，緑あふれる魅力的なガーデンとしての郊外が形成され，ガーデン化された街にはふさわしくない施設が郊外から押し出された結果，市街地のコンパクト化が進む。強引なコンパクト化は，捨てられた後背地としての郊外を生む危険性を

はらむ。街全体の魅力を維持しつつコンパクト化を進めるためには，街全体を魅力的なガーデンに誘導することで，結果としてコンパクト化が促されるといった発想が問われるだろう。コンパクトシティは，ガーデンシティの裏返しとして構想されるのではないか。

　城郭を伴わなかった日本の都市は，そもそも市街地と農地の空間的分離という発想をもつことがなかった。江戸時代末期の安政年間における江戸では，総面積の4割強を占める農地が市街地と混在しつつ広がっていた。農地が市街地と混在することは，荷崩れしやすい生鮮野菜の供給にとって，メリットが大きかったことは想像に難くない。また，市中で発生する人糞が肥料として農地に還元されていたが，そのためにも農地と市街地が混在し近接することは，プラスに働いたと考えられる。都市と農村の間に，こうした都市とも農村ともつかない，都市に農作物を供給するための農園が広がる第三のゾーンが存在したことが，わが国の空間構造上の大きな特徴であった。

　市街地内に発生する空閑地を農園として活用することは，都市の構造変化という21世紀の現実を，わが国の伝統的な都市農村空間構造のなかで受け止めようとする，古くて新しい発想と言えるのではなかろうか。

横張　真Ⓒ

第2部

都市の空き家を考える

空き家の都市問題

東京大学大学院 工学系研究科 都市工学専攻 教授
浅 見 泰 司

1. はじめに

　2008年に行われた住宅・土地統計調査によれば，2008年時点で空き家率は全国で13.1％であった。日本では空き家率は1958年から一貫して上昇してきており，2013年に実施された住宅・土地統計調査の結果は本章執筆時点ではまだ公表されていないが，13.1％よりも高い値を示すものと予想される。
　戦後すぐの日本では住宅不足が深刻で，いかに世帯数以上の住宅を建設するかが喫緊の課題であった。その意味では，空き家率が増えていったのは，戦後の住宅政策の成果でもあり，また，戦災復興の証であったとも言える。
　しかし，現在の空き家の中には，住宅として十分に使えるにもかかわらず使われていなかったり，あるいは，本来は解体して更地にすべき廃屋的な住宅が存在していたりと，いろいろと問題をはらんでいる住宅がある。前者は資源の無駄につながるし，後者は周辺環境の悪化につながる。このような問題を回避するために，どのように空き家に対処していけばよいのだろうか。本章ではこれらの問題について考えてみたい。

2. 空き家把握の難しさ

　空き家は，住宅供給量が住宅需要量を超えていることで発生する。すなわち，住宅建設数ないし既存住宅数の過剰，もしくは世帯数の減少によって発生する。住宅数自体は世帯数を上回っているために，新規建設は控えてもよいように思われる。しかし，実際には，空き家となっている既存住宅には，ただちに居住するにはふさわしくない老朽化した住宅や利便性などで劣る物件も多く，新規需要は依然として存在している。

　空き家の把握は必ずしも容易ではない。住宅・土地統計調査では，「居住世帯のない住宅」を「空き家」，「一時現在者のみの住宅」，「建築中の住宅」に分けており，この内の「空き家」を空き家と定義している。ところが，住宅・土地統計調査では住んでいる世帯に尋ねる世帯調査の方式をとっており，住んでいる世帯がいない空き家は住宅の外観からの調査にとどまることになる。そのため，空き家の規模，設備，建築時期，所有者属性などについての正確な実態把握ができていない（国土交通省住宅局 2010）。

　なお，この空き家の定義では，「賃貸または売却用の空き家」，別荘などの「二次的住宅」，廃屋などの「その他の空き家」の3つが含まれることになる。日常的な使い方では二次的住宅は空き家には分類しなくてもよいかもしれない。二次的住宅は常住の住宅ではないものの，表札などはかかっており，住宅の体はなしている。ただ，外観からは，単に留守なのか，別荘なのかの区別は，すぐにはわからない。

　空き家に関する情報不足を補うために，国や地方自治体は独自に空き家の調査を行っている。たとえば，国土交通省住宅局（2010）は，東京圏および大阪圏の空き家の実態を調べている。ただ，その調査の中でも，空き家の発見が難しく，外観からの空き家の判断が難しい，二次的住宅であるかどうかが判定できない，オートロックで入れないなどの理由で空き家と確認するための情報が

不足したり，そもそも近隣住民の空き家認知がなされていなかったり，個人情報であるという理由で管理人などから情報をもらえないなどの理由で周辺住民などからの情報取得が困難であったりと，調査にあたっての難しさを指摘している。本来，所有者に関する事項は，不動産登記や住民票情報を調べればよいが，それらの制度自体が完全ではない上に，そもそも空き家調査のためにこれらの情報を十分に活用できていないという課題がある。地方自治体による調査でもほぼ同様であり，空き家の規模，設備，建築時期，所有者属性などについて実際に調べられた空き家数は驚くほど少ない。

3. 空き家の存在意義

　空き家があることは必ずしも問題ではない。そもそも居所を移転するには，移転する先に空き家がなければならない。また，新たに世帯を形成する場合も空き家がなければ，新たな世帯を形成できない。このように，円滑な住宅市場の回転のためには一定量の空き家は必要不可欠なのである。

　適正な住宅市場における空き家量はどのくらいが適切かということについては定説がない。ただ，空き家住宅の市場滞留量から大雑把には算出することができる。たとえば，世帯が現在の住宅に居住する年数の平均値を 10 年とし，その後空き家になってから市場で取引されてまた利用されるにいたるまでの平均的な時間を 6 か月とすれば，住宅は 10.5 年のうちの 0.5 年が空き家の期間となる。すべての住宅がこのとおりであるとすれば，空き家率は約 4.8% となる。

　また，昨今では二地域居住が推奨されている。日常的には就業・就学の場に近いところに住み，週末や休日にはより自然の豊かな地域に居住するというような住まい方である。この場合には，片方は別荘的な使い方になるために，統計上は空き家に分類される。国土交通省国土計画局広域地方整備政策課（2010）によれば，二地域居住の阻害要因として，経済的な問題が大きく，次いで時間

の制約があがっている。特に，少子化により相続不動産が増えることにより，第一の要因は軽減されるため，このような使い方がなされる住宅も今後増える可能性がある。

4. 空き家の問題点

　空き家が多いと様々な問題を引き起こす可能性がある。たとえば，住宅地において，50％というようにかなり空き家が多い地域は，別荘地や売り出して間もない住宅地である場合を除いて，その地域が衰退していることを示す象徴と考えられる。それは，需要量と供給量が見合わず，買い手ないし借り手がつかないことを示すからである。通常は，価格や賃料が下げられて調整され，取引が成立するように市場で裁定される。ところが，価格や賃料が0円であったとしても，住宅の取得や賃借には，それなりの追加支出が必要であるため，誰もがいらないと思うような住宅は，0円であっても売れないし，また，借りてももらえない。

　そもそも，空き家が多いということは，家を常時管理する人がいない住宅が多いということになる。家の管理には，家自体の管理の他，外構部分などの管理も含まれる。これらが管理されないと，建物が老朽化したり，庭に雑草が生い茂るなど，外観上も荒廃した印象を強めてしまう。ひどい場合には，建物倒壊の危険があったり，不法投棄場として利用されてしまうことすらありうる。高級な別荘地などでは，所有者が管理会社に管理委託してそのような状況になることを防いでいる。しかし，そうではないと管理不足が外見上も明白となってしまう。

　空き家が多いことは，防犯上も望ましくないとされる。侵入盗があってもすぐには気付きにくいために，狙われがちであり，また，愉快犯としての放火犯罪の懸念もある。また，犯罪者の隠れ家に使われる可能性すらある。このため，

管理されない空き家は極力減らすことが望ましい。

　空き家はまた，非効率性をもたらす原因ともなる。浅見（2013）でも指摘したように，空き家があっても，その家が通常の住宅として機能しうるように，上下水道，道路，街灯など様々な公共サービスが整備されている。空き家があれば，その分，都市外縁部に広がった住戸に公共サービス用のネットワークを拡大せざるを得なくなる。このための追加費用が社会的費用になる。特に昨今は，都市のコンパクト化が重要施策として位置づけられているが，それは，都市の非効率な拡大を防ぎ，公共サービスの効率化をねらっているためである。都市の外縁部にある場合を除き，空き家の存在はこれに逆行するものとなる。

5. 制度上の歪み

　取引待ちでも二次的住宅でもない「その他の空き家」は，特に有効利用する予定もないために，管理もないがしろにされかねない。しかし，それでも，所有者には重要な便益をもたらしている。それは，住宅が建っていることによる効用である。固定資産税の制度上，住宅地の場合には税の優遇措置をとっており，それにより税額が減額される。もしも，廃屋である住宅を解体して更地にすると，その優遇措置が得られなくなり，税額が増えてしまう。そのため，土地所有者は，次の使い道が見つかるまでは，老朽化した住宅であっても，それを存置することを選ぶ。このような税制の歪んだ効果により，増えている空き家が少なからずあると推察される。このような歪みを是正するため，一定期間以上住み手が現れない空き家については，優遇措置を廃止する措置を検討すべきである。

　近隣に多大な迷惑を与えうる空き家については，所有者にその対処を求めることが必要であるが，空き家対策上の法制度が未整備であるために，所有者の特定すら難航する可能性がある。廃屋と化した老朽化した空き家を行政代執行

で取り壊すことも，所有者の合意取り付けや多額の費用がかかるなどの問題があり，容易ではない（篠部・宮地 2012）。このためにも，空き家の行政上の対応が可能となるように，法制度を整備する必要がある。すでにいくつもの自治体で，条例により調査権を付与したり，緊急対応する措置を取り決めた事例がある。今後，全国にこの問題が広がることを考えると，条例だけでなく法律として明確に位置付けることが適切ではないだろうか。

6. 空き家のコミュニティ管理

　管理されないような空き家が特に周辺地域に大きな問題になることを鑑みれば，所有者が管理できないような空き家の管理をその周辺のコミュニティに委託することが一つの解決策になりうる。

　周辺住民としては，荒れた状態が維持されて，外部効果により自己の不動産価値まで下がるのをじっと耐えているよりは，何らかの措置を取れることが望ましい。他方，空き家の所有者も施設に入っていたり，遠方に居住していたりして，自分では管理ができない場合に，管理不足により家が傷んだり，周辺に迷惑をかけることは本意ではないだろう。そこで，周辺住民ないし地域管理のNPOに，低廉な手数料で，庭木の管理と家屋の外見からの不具合の有無のチェックを行ってもらうという仕組みは，両者にとってメリットがあるはずである。

　巡回サービスにより建物や設備機器の外見上の不具合，雑草などの状況，門や塀などの破損をチェックして所有者に報告したり，除草などを所有者に代わって行ったり，建物内に入って通気したり，雨漏りを点検したり，ポストを掃除するというように，すでに様々な取り組みが行われている。

7. 空き家の有効利用

　近年の空き家の増加に対処するために，空き家を有効利用する動きも広がっている。空き家情報の提供は多くの自治体で進められている事業である。空き家を有効に活用してもらうために，空き家情報を流し，利用者を少しでも増やそうという試みである。自己所有の空き家を利用してもらってもよいが，不動産情報として自ら積極的に情報を流すわけではないような所有者が多いときに，有効な施策となる。特に，農村住宅，町屋など特徴的な住宅は，都会からの希望者も多いことが想定される。このような自治体のプログラムは，空き家を減らすだけでなく，定住促進にもなり，地域の維持や活性化，そして税収の向上などにもつながるという副次的な効果も期待できる（高橋・内村 2011, 山本・中園 2013）。

　空き家を住宅以外の用途に転用する動きもある。典型例としては，工房，福祉施設，集会場，店舗，文化施設（山本ほか 2012）などの利用がありうる。ただ，集客力がある地域でないと，外来者対応としての施設への転用には自ずと限界がある。空き家を転用する場合は，中の造作を変更することになるために，ある程度長時間，当該利用が続けられることを前提にしなければならない。その意味では，事業性の確認，支援組織の存在，地元や自治体の理解，事業者の信用などがあることが前提となる。

　空き家が歴史的な価値を有する場合もある。その場合には，それを保存するというもう一つの使命も加わることとなる。現に歴史的な街並みの保存地区において，老朽化したり，所有者の移転に伴って，空き家になった例も多い。その場合には，単純に家として再生するだけでなく，それを歴史的な街並みの再生にも結び付けねばならないために，より多くの費用がかかる。このために，補助制度や市民団体の支援もあるものの，そのような空き家全てを賄うほどの支援はできていないのが現状である。

8. 空き家と応急仮設住宅

　空き家が多い昨今ならば，大災害が起きたときにも，それを活用することを考えてもよい。実際，東日本大震災でも，借り上げ型の応急仮設住宅の提供が行われた。民間賃貸住宅を県などが借り上げ，それを被災者に応急仮設住宅として提供する仕組みである。短期間しか使われない応急仮設住宅の建設数を抑え，かつ，空き家となっている民間賃貸住宅を活用するという一挙両得の方法である。ただ，実際には，それまでの職場や学校との関係，これまでの近隣の人々とのつながり，生活スタイルの違いなど様々な理由で，そのような応急仮設住宅を選択しない被災者もいた。

　今回の震災を契機として，地方自治体でも民間賃貸住宅の空き家を把握できる仕組みを構築しようとする動きもある。この際に注意しなければならないのは，応急仮設住宅という特異な貸与形態の契約方式である。自治体が借主なのか，入居者が借主なのかを明確にしなければならず，しかも，短期に多くの入居者に対応しなければならないので，重要事項説明などがないがしろにされがちである。しかし，それは退去時などのトラブルにつながりかねない問題をはらんでいる。非常事態において短期間に大量の応急仮設住宅を処理する場合の方法論を，平常時に構築しておくことが必要である。

9. 空き家対策

　空き家の存在が周辺に与えている問題の深刻さと空き家自体の利用可能性によって空き家対策が分かれる。問題が軽微で所有者も自覚しており，対応する意思があるならば，まずは，所有者にその解決をゆだねるべきであろう。空き家の外構の管理などはその典型例である。所有者の対応が難しいならば，管理

会社に委託したり，地域コミュニティとの連携をはかる仕組みなども取り入れることができる。

倒壊の危険があったり，不法投棄場になっていたり，地域の活性化に大きな支障になるなど，問題が重篤であるならば，代執行など強制的な手段の行使も視野に入れねばならない。ただ，このためには，所有者特定，所有者合意，費用負担など様々な支障があり，制度的な整備が必要となる。

空き家の利用可能性はなるべく追及すべきだが，他の手段よりも有効であるとは限らないことも多々ある。そのため，特に，公共が関与する場合には，活用による便益とそのための費用をよく勘案することも必要となる。長期的には人口減少・世帯数減少により縮退が避けられないとすれば，長期的な視野に立って，空き家への対処方法を最適化していかねばならない。

10. おわりに

本章では今後も増加するであろう空き家の功罪について検討し，それへの対処方法の方向性について述べた。空き家は，その調査自体が難しく，現状把握が簡単ではない。そのため，登記情報や住民票情報を公共団体が活用できる仕組みの構築が必要である。空き家は，住宅市場の円滑な取引のために，ある程度の賦存量は必要となる。しかし，空き家が多すぎることは様々な弊害を引き起こす懸念がある。その典型が，管理不足の空き家であり，周辺の不動産価値も減少させる外部不経済効果がありうる。また，資源の有効活用という意味でも非効率性をもたらす。空き家が放置される理由の一つとしては，固定資産税制上の歪みがある。廃屋であっても，住宅地としての税軽減措置がなされるために，所有者はなるべく解体しないのである。このような歪みをもたらす税制は，至急改正されねばならない。地方自治体は条例によって，空き家への対処の仕組みを構築しつつあるが，それでも手続きの手間や費用負担の問題など，

課題が多い。コミュニティやNPOによる空き家管理の草の根的な活動もはじまっている。所有者が協力的ならば、このような活動も有意義である。

空き家が活用されれば、それにこしたことはない。そのために、空き家の情報提供や改装支援などの地方自治体による仕組みもある。ただし、そのような仕組みがどの程度、地域にとって有効かを、長期的な視野に立って、適切に判断することも必要である。

都市のコンパクト化が多くの都市で課題になっている中、空き家の問題は今後、より重視されていくものと思われる。その際に、本書における論考が参考になれば幸いである。

〈参考文献〉

浅見泰司（2013），「空閑地の都市問題：周辺の土地利用といかに有効に連携させるか」『Evaluation』No.50, pp.1-6

国土交通省国土計画局広域地方整備政策課（2010），『平成21年度・地域居住推進施策のための基礎的調査報告書：都市と地域の交流のための政策的方向性』国土交通省国土計画局広域地方整備政策課

国土交通省住宅局（2010），『空家実態調査報告書』国土交通省住宅局

篠部　裕，宮地敬士（2012），「空き家の解体除去施策の現状と課題：西日本の地方自治体を事例として」『日本建築学会技術報告集』Vol.18, No.39, pp.709-714

高橋　梢，内村雄二（2011），「地域内における都市部と農山村部の連携による地域再生方策に関する考察：奥美濃チャレンジショップ（郡山市）の成否とその要因の抽出」『日本建築学会計画系論文集』Vol.76, No.662, pp.771-778

山本幸子，中園眞人（2013），「地方自治体の空き家改修助成制度を導入した定住支援システムの運用形態」『日本建築学会計画系論文集』Vol.78, No.687, pp.1111-1118

山本幸子，中園眞人，利光由江，渡邉弘崇（2012），「中山間集落における空き家を活用した都市農村交流施設の整備プロセス：集落住民を主体とする改修・増築工事の事例研究」『日本建築学会計画系論文集』Vol.77, No.676, pp.1423-1430

浅見　泰司Ⓒ

空き家の現状と課題
―マクロデータとケーススタディを通じて見えてきたもの―

東北大学 災害科学国際研究所
都市再生計画技術分野 教授
石 坂 公 一

株式会社アール・アイ・エー
冨 永 麻 倫

1. はじめに

　最近，空き家が注目を集めている。マスコミ等で取り上げられる場合は，「人口減少が進み，空き家が増加している」→「すでに住宅の7軒に1軒は空き家である」→「空き家は維持管理が不十分なまま放置されることが多く，住環境上の大きな問題となっている」→「しかし，個人財産であるので対応が難しく，自治体は頭を悩ましている」というとらえ方が一般的である。

　この場合の「空き家」は，「住む人がなく，放棄された住宅」としてイメージされているが，7軒に1軒の中には，事務所等の住宅以外の用途で使われている住宅，別荘，賃貸用または分譲用の住宅として市場に出ている住宅も含まれており，必ずしも問題となる住宅ばかりではない。ともあれ，住環境上問題となる空き家が増加しており，適切な対策が必要であることは事実である。

　そこで本章では，まず統計的なデータを用いて，空き家数の推移，地域的な特性，今後の空き家数の予測可能性についての検討を行うとともに具体的な地域を対象として，空き家対策の現状について述べることにしたい。

第2部　都市の空き家を考える

2. 住宅・土地統計調査データを用いた分析

　住宅・土地統計調査では，住宅は大きくは「居住世帯のある住宅」と「居住世帯のない住宅」に2区分され，居住世帯のない住宅はさらに「一時現在者のみ」「二次的住宅（別荘）」「二次的住宅（その他）」「賃貸用の住宅」「売却用の住宅」「その他の住宅」「建築中の住宅」に区分されている。また，空き家は，居住世帯のない住宅のうち一時現在者のみと建築中を除いたものとして表象されている。居住世帯のない住宅のうち「建築中の住宅」「一時現在者のみ」「二次的住宅」も居住世帯はないもののそれぞれの目的に沿って使用されており，当面の問題認識からすると空き家の範疇には入らないものである。また，「賃貸用の住宅」「売却用の住宅」も市場での流通対象となっている住宅であり，住宅市場が円滑に機能するためにはある程度の「在庫」は必要であることを考えると，本来はあまり住環境上の問題を生じさせる存在ではないように思われる。そうすると，問題となる空き家の概念に一番近い区分は「その他の住宅」ということになる。

　図1は，昭和28年から平成20年の間の居住世帯のある住宅1戸あたりの居住世帯のない住宅（建築中を除く）数を示したものである。昭和48年までは一時現在者以外の居住世帯のない住宅は一括して表示されている。図より，近年，増加しているのは「賃貸・売却用の住宅」と「その他の住宅」であり，「一時現在者のみ」は減少気味，「二次的住宅」は横ばいであることがわかる。また，直近では「その他の住宅」の伸びが顕著となっている。

　図2は，平成20年の大都市圏，都道府県，政令指定市について「賃貸・売却用空家／主世帯」と「その他空家／主世帯」の値をプロットしたものである。図中の線は両者を合計した「空家」の水準を示しており，右上ほど，主世帯（＝居住世帯あり住宅数）あたりの「空家」数が多くなっている。図より，主世帯あたり空き家数が同水準でも「その他空家」と「賃貸・売却用空家」の比率は

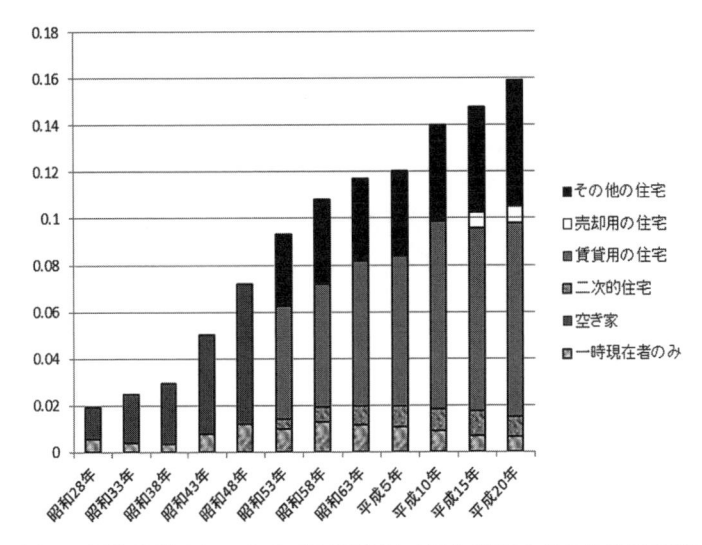

空き家の現状と課題―マクロデータとケーススタディを通じて見えてきたもの―

図1 居住世帯のない住宅（除建築中）／居住世帯のある住宅の推移

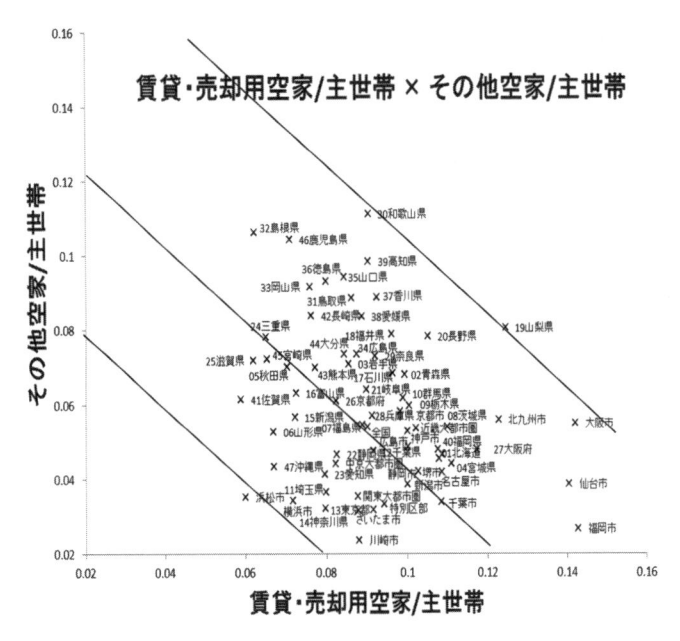

図2 「賃貸・売却用空家／主世帯」と「その他空家／主世帯」の値

第 2 部　都市の空き家を考える

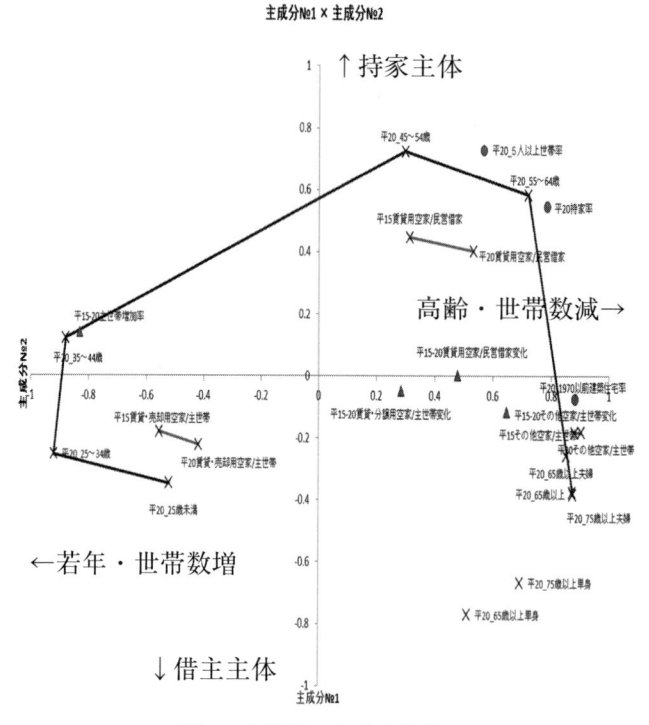

主成分№1 × 主成分№2

図 3　各要因の主成分負荷量

多様であることがわかる。地域別には大都市圏や政令指定市で「賃貸・売却用空家」の割合が多く，地方圏では「その他空家」の割合が多いこと，また，東日本よりも西日本の県で「その他空家」の割合が多い傾向が見られる。

次に，空き家の状況をめぐる構造を把握するため，住宅市場の状況を示す他の指標も用いて主成分分析を行った結果を図 3 に示す。2 軸までで 65％の変動が説明されている。第 1 軸は，居住世帯・住宅ストックの高齢化と世帯増減の方向をあらわす軸であり，＋側になるほど高齢化進展と世帯数の減少が顕著となる。また第 2 軸は，住宅ストックの所有関係に対応する軸であり，＋側ほど持家の比重が高いことに対応している。「その他空家 / 主世帯」は平成 15 年，

20年とも1軸の＋側，平成15～20年間の水準変化も1軸の＋側に位置しており，「その他空家／主世帯」の水準と変化傾向は居住世帯・住宅ストックの高齢化・世帯減の進行状況と関係が深いことがわかる。端的には，高齢化と世帯減が顕著な地域では，「その他空家／主世帯」の水準は高く，その増加数も多いということである。また，「その他空家／主世帯」要因の位置は2軸に関しては平均的な水準にあり，所有関係別の状況との関係はそれほど強くはない。これから，「その他空家」の発生要因は高齢化と人口・世帯数の減少が主な要因であるのは間違いなさそうである。

　一方，「賃貸・売却用空家／主世帯」は，右下の25歳未満，25～34歳以下の世帯主割合に近い位置にあり，賃貸住宅ニーズとの関連性が高いことを示している。これはある意味当然であろう。また，「賃貸・売却用」のほとんどが賃貸用である（図1）ことから，賃貸住宅の市場状況をあらわす指標として「賃貸用空家／民営借家」を見ると，これは右上の領域に位置しており，持家ストックの割合と高齢化・世帯減の進行状況との関連が深いことがわかる。もともと賃貸市場の規模が大きくない地域では高齢化の進行とともに賃貸住宅の空き家の増加が顕著になるためであろう。これらの地域では賃貸住宅の需要層である年代の世帯が少ないことから賃貸住宅は供給過多となり，空き家期間も相対的に長くなると推測される。賃貸用の住宅は借り手を確保するためには需要者にとって魅力的な物件であることが必要であり，通常はある水準の維持管理が行われることになると予想されるが，空き家期間がある程度長くなり，借り手を確保することも難しそうだとなると貸主にとって維持管理コストは負担となり，実質的には「その他空家」に近い維持管理状態になる物件も生じてくると推測される。

　以上より，近年の空き家の増加は，高齢化と世帯減の進行が主要因であることはほぼ確実であると考えられる。高齢化も世帯減も我が国の人口構造上，如何ともしがたい問題であり，今後は，空き家増加を前提として対策を立てていく必要があると言える。

3. 今後の空き家数の予測可能性と課題

前述したように，今後は空き家の増加を前提として，各種の計画を考えていく必要があるが，そのためには将来の空き家数を的確に予測することが必要である。

そこで本節では，前節での分析で用いた「その他空家／主世帯」「賃貸・売却用空家／主世帯」を予測の時点で得ることが容易な指標から予測することを試みた。

(1) その他空家／主世帯

試行錯誤の末，以下の結果が得られた。

　　　平成15〜20年間の「その他空家／主世帯」の変化
　　　＝ 0.10 ×「平成20年の1970年以前住宅率」
　　　− 0.0056　　　　修正済み決定係数：0.42

したがって，

　　　平成20年の「その他空家／主世帯」
　　　＝平成15年の「その他空家／主世帯」
　　　＋ 0.10 ×「平成20年の1970年以前住宅率」
　　　− 0.0056

となり，この方法での実績値と推計値の相関係数は0.97となる。

すなわち，都道府県レベルでは予測時点での「その他空家／主世帯」の値で地域の特性を表現することで，「1970年以前住宅率」という1変数のみで次の時点の「その他空家／主世帯」の値は相当程度の精度で予測することができる。

なお，「1970年以前住宅率」は平成20年の値を用いているが，これは空き家数の予測に先立って滅失曲線等により，建築年次別の住宅数構成比が予測されることを前提としている。

(2) 賃貸・売却用空家 / 主世帯

この場合は，以下の式が得られた。

平成 15 〜 20 年間の「賃貸・売却用空家 / 主世帯」の変化
= − 0.15 ×「平成 20 年の 1970 年以前住宅率」
− 0.78 ×「平成 15 年の賃貸・売却用空家 / 主世帯」+ 0.28
×「平成 20 年の世帯主年齢 25 歳未満世帯率」− 0.28
×「平成 15 〜 20 年間の主世帯増加率」+ 0.13
×「平成 15 年の賃貸用空家 / 民営借家」− 0.11 ×「平成 20 年の持家率」+ 0.13

修正済み決定係数：0.58

したがって，

平成 20 年の「賃貸・売却用空家 / 主世帯」
=（1 − 0.78）×「平成 15 年の賃貸・売却用空家 / 主世帯」
+ 0.13 ×「平成 15 年の賃貸用空家 / 民営借家」
+ 0.28 ×「平成 20 年の世帯主年齢 25 歳未満世帯率」
− 0.15 ×「平成 20 年の 1970 年以前住宅率」
− 0.28 ×「平成 15 〜 20 年間の主世帯増加率」
− 0.11 ×「平成 20 年の持家率」+ 0.13

となり，この方法での実績値と推計値の相関係数は 0.91 となる。

係数を見ると，高齢化進行地域での賃貸市場の縮小傾向と賃貸住宅市場の需給構造要因の結果として水準が決定されているように見える。

なお，ここでも平成 20 年の世帯数，持家率，世帯主年齢別世帯割合等は，空き家数の予測の前に行われていることを前提としている。「その他空家 / 主世帯」の場合と同様，予測の精度はかなり良いと言えよう。

本節での予測は，対象が都道府県レベルであること，時系列的な自律性が完全には確保されていないこと等，実際の計画策定に用いるには改良の余地は多々あるが，構造的にはそれほど間違ってはいないと思われる。予測式は「そ

の他空家／主世帯」「賃貸・売却用空家／主世帯」とも，現在の水準が高い地域はより高く，低い地域はより低くなることを示しており，地域間の格差は今後増大すると考えた方が良さそうである。

　対応策を考えるにあたっては，増大する空き家をどのように評価するかが問題となる。東日本大震災の際には，多くの空き家が「みなし仮設住宅」として利用された。もし，空き家がなかったら仮設住宅の確保はより困難であったことは明らかである。この意味で空き家は期せずして非常時のバックアップ資源として役立ったことになる。予測されている東海・東南海地震や首都直下型地震では，被災者数が膨大となることからプレファブ仮設ではとても対応できず，被災者への住宅供給は空き家を活用したみなし仮設を主体に考えていかざるを得ないと思われる。

　空き家の持つこのような機能をどう位置づけるかは，空き家がどのような維持管理状況にあるかとも関連しており，居住用のストックとしての空き家の質の評価も踏まえた検討が必要であろう。

4. 自治体レベルでの対策に見る空き家の実態

　本節では，少し視点を変えて，統計データからでは把握しにくい空き家に関連して実際に発生している問題の実態について見ていくことにしたい。そもそも自治体は，各々の行政区域内に抱える空き家について，どのように認識し，対策を行っているのだろうか。

　自治体による空き家対策として，近年注目されているものに空き家条例がある。本来個人の財産である家屋の適正な管理は所有者の責任で行われるべきものだが，空き家の増加に伴い公的な立場からの問題発生の予防や問題の効果的・効率的な予防・解決手法に対するニーズの高まりを背景に自治体が空き家の所有者に適正な管理を求めたり，撤去を命令したりすることのできる条例と

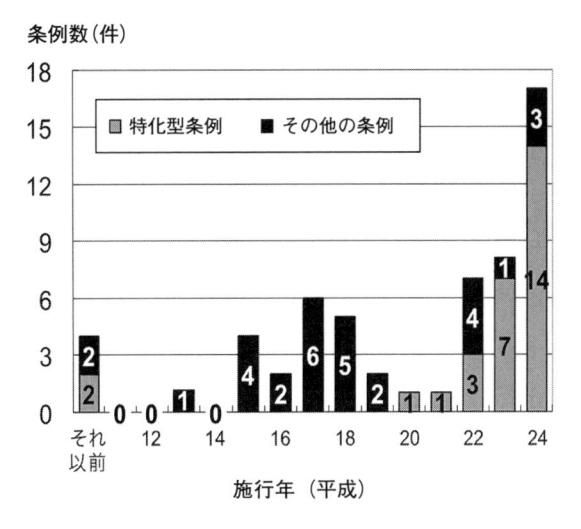

図4 空き家条例施行の推移

して制定が急増している（図4）。中でも近年著しく増加しているのが，条例の対象を空き家等に特化し，その適正な管理を所有者に義務付けるものである。このような条例を「空き家特化型条例」とすれば，「その他の空き家条例」は防犯や火災予防などその目的に応じて空き家等の適正管理以外にも多様な禁止行為を規定しているといえる（表1）。

　条例で定義される空き家は「建物その他の工作物で常時無人の状態にあるもの及びその敷地」と同様のものが多いが，中には「常時無人」であることは問わず，「老朽化し，不衛生，建築資材の飛散，倒壊のおそれその他の危険な状態にあるもの」といったように危険な状態の家屋全般を指す条例もある（足立区・飛騨市等）。さらに，主に特化型条例では，条例を適用する際の一定の目安となる空き家の「管理不全な状態」についても定義を行っている。たとえば，「著しい老朽化，台風，積雪等の自然現象その他の事由により倒壊し，又はその一部が飛散するおそれのある危険な状態」のように定義し，このような状態にあると判断された場合に条例に基づく指導の対象となる。

表1 空き家条例の種類と制定自治体

種類	定義 / 該当条例所有自治体
1. 特化型	放置空き家全般（＋空き地）による外壁落下や倒壊事故，犯罪，火災発生を防止する条例
	滝川市・長万部町・沼田町・横手市・湯沢市・大仙市・美郷町・東成瀬村・所沢市・ふじみ野市・松戸市・足立区・飛騨市・名張市・阪南市・松江市・南国市・香南市・豊前市・宗像市・朝倉市・須恵町・八峰町・川島町・柏市・流山市・貝塚市・糸島市 等
2. 防犯型	犯罪の発生防止の観点から，市民の安全な生活の確保を目的とする条例
	渋川市・銚子市・佐倉市・新潟市・奈良市・古賀市 等
3. 火災予防型	消防法（昭和23年法律第186号）の規定に基づき，各基準等を定める条例
	深谷市・千葉市・南魚沼市 等
4. 景観型	景観支障状態の解消と防止を目的とする条例
	蘭越町・ニセコ町・更別村・おおい町・和歌山県 等
5. 環境保全型	住民の快適な生活環境の保全を目的に，深夜花火禁止・ごみ収集所清潔保持・騒音禁止・不法投棄禁止・自転車等放置禁止事項などを定める条例
	由利本荘市・潟上市・下仁田町・山武市・大網白里町・杉並区・愛川町・大東市・門真市・藤井寺市・河南町・相生市・津山市・土庄町・延岡市 等
6. 掃除型	廃棄物を適正に処理し地域の清潔を保持することにより，生活環境の保全及び公衆衛生の向上を図る条例
	鹿追町 等

（平成24年1月の国土交通省調査および平成24年4月8日付朝日新聞の記事で紹介された空き家条例を基に筆者作成。）

5. 空き家条例が対象とする空き家の実態

以上を踏まえ，実際に問題となっている空き家の状況について，空き家条例制定自治体に対してアンケート調査（2012年9月～2012年10月に，空き家条例

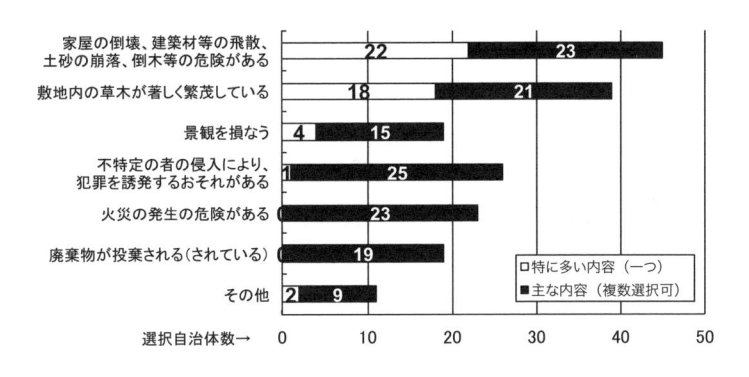

空き家の現状と課題―マクロデータとケーススタディを通じて見えてきたもの―

図5 苦情等が寄せられた空き家の状況
（回答51自治体・「特に多い内容」の有効回答数は47）

を制定している58自治体に対し実施）を行った結果によれば，特に多いものは倒壊の危険性や倒木等の懸念のある空き家など，建物自体もしくは敷地内の立木等が周辺住民等に対し危険を及ぼす可能性があるものである（図5）。また，「特に多い内容」と回答した自治体のおよそ半数が積雪の多い自治体であることが特徴的である。

埼玉県所沢市と秋田県横手市へのヒアリングによれば，所沢市では倒壊等の危険性のある空き家はほとんどなく，草木の繁茂や外壁等の一部落下等が問題になっており，横手市では夏は空き家での害虫やハチの発生，風によるトタン等のはがれ，冬は積雪による倒壊が主な問題となっているという。このように，空き家による問題は，地域によって状況が異なると考えられる。

6. 条例の運用による空き家対策の実態

次に，横手市を対象に，条例の運用実態に着目する。中でも，市を構成する8つの地域において最も空き家が多く存在する横手地域内の空き家分布を図6,

第 2 部　都市の空き家を考える

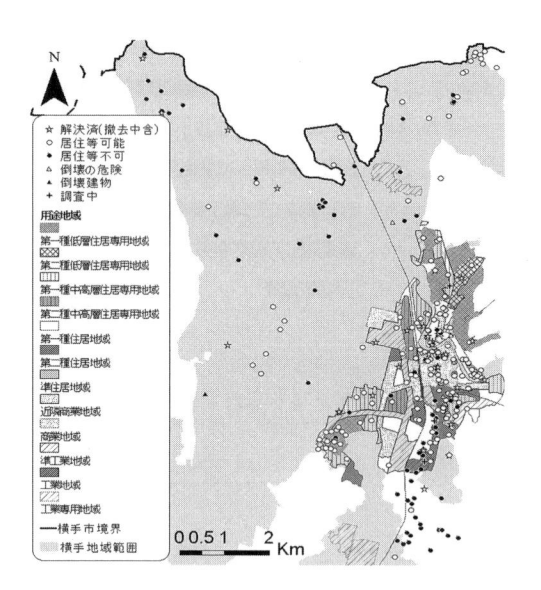

図 6　目視調査による危険度別空き家の分布

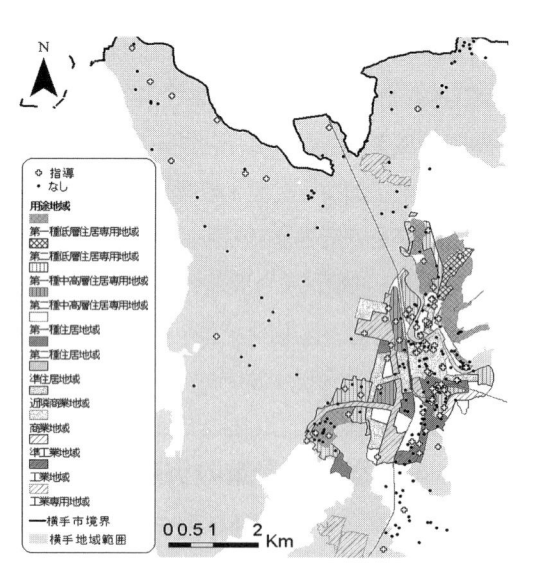

図 7　横手地域内の空き家と条例指導を受けた空き家の分布

図7に示す。2012年11月の時点で、空き家の数は用途地域内に221（63%）、用途地域外に130（37%）であり、そのうち市の調査により「居住等可能」と判断された空き家の割合は用途地域内66%、用途地域外40%である。

　一方、条例に基づく指導を受けている空き家の割合は用途地域内32%（72/221）、用途地域外12%（16/130）と、用途地域内の方が大きい。また、用途地域内では「居住等可能」と判断された空き家に対する条例指導も多く行われている。用途地域内の市街地のように家屋等が近接している地域では、たとえ「居住等可能」な空き家でも除雪等の適正な管理が行われていなければ周辺住民へ危険が及ぶ可能性が高く、これが指導の多い要因であると考えられる。一方で、用途地域外の集落等では、倒壊している空き家にも指導が行われていない。これは、集落地域における空き家はたとえ建物自体が老朽化していても、隣家との間隔が大きく、周辺住民等への「危険度」が小さいために、「指導の必要がある」と判断されにくいことが要因であると考えられる。すなわち、周辺への「危険度」が低いと判断されれば、景観上などの課題があるものに関しても対象外となっているとも言える。

　以上より、条例は空き家の危険性排除を主眼に運用されていることが分かる。また、横手市では条例による指導等を受けた問題の空き家は、ほとんどが撤去されることにより「解決」されているが、空き家が撤去されることにより生まれた解体跡地はその後の利活用に繋がっていないのが実態である。

7. 空き家対策の広がりと今後

　横手市では条例による空き家対策以外にも、空き家に対する解体補助事業、空き家の解体跡地の活用事業および空き家バンクを並行して運用している。たとえば、立地的に空き家の跡地の活用可能性等があると判断した場合は跡地活用事業により空き家を市が解体し、跡地を取得した上で、雪捨て場や駐車場と

して活用している。つまり，条例による空き家の危険性排除と，立地的特性を考慮した空き家の跡地活用を相互補完的に用いているのである。しかし，これらの施策は条例指導による解決件数に比べると事例が少ない。自治体の適用件数に予算上制限を有することや，適用までに協議等のプロセスを踏むことにより適用のハードルが高いためと推察される。

しかしながら，特に跡地活用事業は，空き家の「危険度」だけでなく，その立地や解体後の活用可能性等，総合的観点から検討され対象が決定されている点や，活用される跡地について事前に周辺住民等と利用方法や管理方法について協議を行っている点，実際に跡地の除草等の管理を周辺住民が行っている点で今後の空き家対策へのヒントになるものと考えられる。特に横手市のように人口減少・高齢化が進むとともに，空き地が発生しても新たな土地需要が小さい地方都市では，都市レベルでの空き家の立地も考慮した，都市計画的視点での空き家対策が求められると考える。

また，行政による対策には選択と集中が求められるが，市民主体での空き家の管理や活用を促すなど，市民レベルでの活動と相互に補完・連携しながら，幅広く空き家に対応していくことが必要である。

最後に，マクロなレベルで空き家の動向を把握するとともに，ミクロなレベルで実態を把握することで，対象の構造をより深いレベルで把握することができ，今後も増加すると考えられる空き家の問題への有効な対策の実施に資するものと考えられる。

〈参考文献〉

総務省統計局，住宅・土地統計調査報告

冨永麻倫・姥浦道生（2013年），「自治体空き家管理条例による空き家の管理対策に関する研究—横手市空き家等の適正管理に関する条例を中心として—」『都市計画論文集』No.48-3, pp.723-729

石坂　公一／冨永　麻倫Ⓒ

空き家ゾンビを如何に退治したら良いのか?
― 市場機能の強化と放置住宅の解消 ―

麗澤大学 経済学部 教授
ブリティッシュコロンビア大学 経済学部 客員教授
清 水 千 弘

1. はじめに

　空き家問題が社会問題化される中で，この問題はどのように解決していけばいいのであろうか。

　住宅は，経済学の枠組みで考えれば，資産としての性質と使用財としての性質を持つ。資産としての性質が重視されれば，その利用価値が軽視されることとなり，結果として建物の品質が軽視される傾向が強くなる。

　本章は，空き家問題の解決のためには，または住宅価格の持続的な上昇が見込めない世界では，住宅の使用財としての性質を重視すべきであるという点を出発点とした。そのようなパラダイム転換を行ったときには，不動産流通機能の強化などを通じて，利用可能性の高い空き家は，市場機能を通じて解消されていく。しかし，使用財としてみたときにその利用が不可能な住宅は，社会システムのなかで処理していくことが求められる。

　空き家問題とは，現在において使用されていない住宅全体を指すものではなく，利用可能性がなく，適正な管理がなされていない住宅，つまり「放置住宅」

に対応した問題であると定義し直すことが重要となる。本章は，その「放置住宅」の解消可能性を経済学の枠組みで整理したものである。

2. 空き家とは？

　近年，空き家の増加が社会問題化してきた。空き家とは，経済学の枠組みで考えれば，その発生原因において大きく二つの空き家に区分して考える必要がある。第一の区分は，市場の均衡過程に向かうなかで一時的な資源配分の歪みによって発生している空き家である。このような空き家は，経済市場において資源として利用可能であるものの，市場調整のなかで，一定期間空き家になっているものである。第二の区分は，経済市場のなかで資源としての活用可能性が喪失してしまっている空き家である。

　そうすると，空き家問題を考えるにあたり，「家」または「住宅」の経済価値とは，どのようなものであるのかを考える必要がある。

　上記の整理に従えば，住宅を資源としてとらえたときには，その利用を前提として経済価値が決定される。しかし，住宅は資産としての側面も強く持つことから，利用することによって発生する効用を前提として決定される価値と，投資資産として決定される価値といった二つの側面がある。つまり，住宅の経済価値としては，「資産価値」と「利用価値」の二つの側面を持つということから出発する必要がある（井上・清水・中神 2009）。

　わが国においては，戦後の不動産市場は持続的な人口増加と経済成長を背景とした土地神話に支えられてきたことから，資産としての側面が強く強調されてきた (Shimizu and Watanabe 2010)。住宅は，家計において最大の資産であり，そして，その所有を人生の最大の目標として働き，保有することで幸せを実感してきた時代があった。つまり，住宅を「利用する」ことを目的としたわけではなく（利用価値），「所有する」ことに目的があった（所有価値）といっても

過言ではない。

　そのなかでは，「住宅双六（すごろく）」と呼ばれた住宅のライフコースは，一つのサクセスストーリーを作り上げてきた。最も典型的なライフコースは，地方から大都市に上京し，一人暮らしを始める。そこでは，小さな下宿やアパートが中心であった。そして，結婚をして夫婦二人で少し広めのアパートに住む。大企業に勤めるものは社宅に住み，住宅を購入する機会をうかがう。そして，最初の住宅の購入として，マンション等の集合住宅を目指した。その後には，子供の誕生と成長にあわせてマンションを売却することで郊外の一戸建てへと住み替えて，「住宅双六」は完了するというものであった。

　このようなライフコースを実現させるために，国は住宅政策としてそれを支えてきた。戦後の経済的な混乱期と絶対的な住宅不足が顕在化していた時期，そして経済成長を実現させた時期においては，公的資金を住宅政策に振り向けるゆとりがなかったこともあり，民間資金を用いた住宅政策の推進は，政府にとってもきわめて都合がよいものであった。

　住宅市場は，高度経済成長が終了し絶対的な住宅不足が解消した後においても，住宅政策としては単純な居住面積と，居住面積から構成される資産としての側面が重視され，住宅投資が持つ経済波及効果の大きさからも経済政策の道具として利用されてきた。

　しかし，このような政策運営と家計の住宅に対するライフコースは，1980年代半ばから1990年代に発生したバブルの生成と崩壊によって，終止符が打たれるべきであった。この時期は，単なるバブル崩壊といった金融市場としての問題だけでなく，生産年齢人口が減少に転じ，戦後最大の住宅需要を発生させた団塊世代が住宅の新規需要を生み出す市場から撤退を始めた時期でもあった。

　バブル崩壊後の住宅価格の持続的な下落は，住宅を家計における最大のリスク資産であるということを認識させた。その段階で，住宅の資産価値を放棄して，使用財としての「利用価値」の側面を前面に出した政策転換と社会制度の

第2部　都市の空き家を考える

設計に入るべきであったが，依然として資産としての側面が強調される政策が継続されてきた。

　このような政策の失敗は，住宅市場に対して，次の三つの問題をもたらした。

　第一に，住宅の品質低下とそれに伴う既存住宅市場の整備の遅れである。資産としての側面が重視されるあまりに，利用を前提とした住宅の品質を低下させるだけでなく，既存住宅市場の成熟の遅れをもたらしてしまった。つまり，短期的な投資対象として住宅をとらえたときには，建物性能を節約して住宅を供給しようとする誘因が強く働く。そうすると，利用を前提としない耐久性の低い品質の住宅は，単なる物理的な耐用年数が短いという問題を引き起こすだけではなかった。急速な品質変化をもたらす余地を残していたことから，短命で市場での利用価値を低下させてしまった。

　第二に，良質な住宅の市場価値の棄損である。そのような市場価値がない住宅は，もちろん流通可能な資産でないために，流通市場そのものの機能を発揮させることができず，優良な資産の流動性までも低下させることで既存住宅市場の発展を阻害するきっかけをつくってしまった。つまり，住宅市場に劣悪な品質の住宅が混ざることで，中古流通市場で流通させるべき良質な住宅までも，その市場性を低下させてしまい，市場価値を棄損させてしまったといってもよいであろう。

　第三が，空き家問題である。第一のような形で，短期的な投資対象として住宅が供給される場合，市場において必要とされる最適な需要量以上に住宅が供給されてしまう。そうすると，住宅ストック市場では余剰が発生しやすい環境となってしまう。ここに，急速な人口の減少・高齢化が加わると，市場でのフローが一気に冷え込むことから，供給・需要の両側面から，空き家が発生しやすい環境になってしまっているのである。

　以上が，経済学的に見たわが国における空き家の発生メカニズムと住宅市場に与える影響となる。

　上記の問題意識のもとで，空き家問題について考えてみよう。

3. 空き家問題と賃貸住宅市場

　わが国の住宅市場は，持ち家市場と併せて賃貸住宅市場の比率も大きい。戦後のわが国の住宅政策は，賃貸住宅市場が未完備であるために，住宅を保有させることで，家計を住宅の価格変動のリスクにさらすだけでなく，住宅連鎖（住み替え Chain）機能を低下させてしまった。そのために，良質な空き家があったとしても，そのような住宅を有効利用する機会を逸してしまっている可能性が高い。

　持ち家市場に限定した住み替えを促進する政策は，経済成長が実現されていた時期においては家計に高い資産効果を及ぼすことで経済活動に対して良い循環をもたらした時期もあったが，多くの歪みを生じさせてしまったという面も否定できない。たとえば，住宅に対して過度に家計の資産を配分してしまえば，その他の消費が減少してしまい，加えて，社会保障を前提とした資産形成においても歪みをもたらす。

　また，良質な住宅サービスを受けようとしたときに，所有という選択肢しかない中では，家計は住宅を購入せざるを得ない。また，住み替えようとした場合には，売却をしなければならない。たとえば，家計のライフコースの中で，広い空間が必要となる子育て期は，特定の時期に限定されてしまう。その年齢を迎えた世代は購入という選択肢しかないとすれば，住宅の価格変動リスクを認識していたとしても購入するしかない。そして，良質な賃貸市場がなければ，新しい住宅に住み替えようとした場合には，貸すという選択肢がない中では売却しなければならない。一方，賃貸市場は，資産市場と比較してきわめて安定的であり，家賃は大きく変化することがない（清水 2009, Shimizu et al 2010）。そうすると，市場が冷え込んでいるときには，たまたま住み替え需要が発生してしまい売却した人は，資産価格の変動リスクを負うこととなるが，賃貸市場で貸すことができれば一定の収益を得ながら売却する時期を待つことができる。

一方，賃貸住宅市場も，多くの問題を残す。賃貸住宅の供給は，土地を所有するものが建物利回りだけを重視して投資が行われるといった時代が長く続いてきた。賃貸住宅投資の主要な誘因は相続税の節税対策であり，住宅市場に対して住宅サービスを提供するという視点は軽視されてきた。そうすると，賃貸住宅においても，需要の大きさを無視して供給される側面が強くなることから，供給過剰になるといった構造的な問題を持つ。賃貸住宅の供給者は，相続税が節税できた段階で，その供給目的の多くの部分を達成してしまうためである。そのために，持ち家市場と比較して，相対的に賃貸住宅の空き家率を高めてしまっているのである。

住宅投資という側面を重視して，持ち家および賃貸住宅を供給してきたことの最大の問題は，住宅の資産面ばかりが強調される中で，われわれに住宅との正しい付き合い方を見失わせてしまったことである。住宅を所有することを目的化させ，または，節税することが主な誘因となり，そこから受けるサービスを消費するという点を軽視してきてしまったことによって，様々な社会的な課題を創出してきたといっても過言ではない。

高額な住宅を所有させるために，残業も含む長時間労働を定常化させ，適正水準以上に労働力を提供させることで高い経済成長を実現したことには成功した。その一方では，住宅の中で過ごす時間の長さを減少させるとともに，その過ごし方を豊かなものにすることを阻害してきたともいえる。節税対策を重視して賃貸住宅投資を繰り返すことで，需要量を無視した住宅供給が促進されてしまった。

このような問題が複雑に絡み合いながら，持ち家，賃貸住宅ともに空き家を大量に発生させてしまったのである。また，持ち家市場，賃貸市場と市場を分断するような税制を中心とした政策の差別化がとられてきたことで，この問題が複雑化してしまったことも否定できないであろう。

良質な住宅が賃貸市場で流通することができれば，持ち家市場の空き家問題は軽減することが可能となる。しかし，その一方で，現在の賃貸住宅市場の空

き家率は相対的に増加するということになる。このような問題をどのように整理し，どのように解決していくのかといったことは，住宅市場全体を俯瞰した政策がなければ解決することができないことは，一連の議論から理解できるであろう。

4. 空き家は「資源」か，「ゴミ」か？──「放置住宅」の解消方法

　空き家問題は，社会問題化するなかで，その解消に向けて様々な提案がなされている。しかし，現在の段階では自治体ごとにばらばらの対応がなされており，現実には十分な対応方法は確立されていないといった状況にある。

　この問題を考えるにあたり，空き家は「資源」か，「ゴミ」かということの定義を明確にしなければならない。正確には，空き家は両者の性質を持つために，「資源」である空き家と，「ゴミ」としての空き家を識別することから始めないといけない。そのような識別ができれば，それを解消していくための政策を立案することができる。

　まずは，資源として利用可能な空き家については，それを流通していく仕組みを考えればよい。このような空き家は，市場均衡に収束する過程で一時的に空き家になっているだけであり，流通市場が機能さえすれば，空き家としての状態は解消できる（Shimizu et al 2004）。持ち家であれば売買市場であるし，前述のように賃貸市場を整備することで，その流通手段を拡大することで，市場全体の資源の有効活用が進む。「空き家バンク」の活用や，流通市場の整備，持ち家の賃貸住宅化にむけての市場整備などの政策が該当しよう。

　しかし，このような市場機能の強化・適正化は，空き家数そのものを改善することはなく，良質な住宅ほどに，空き家でなくなる確率を高くすることができるだけである。

　そのような市場機能を通じて，住宅市場の中で淘汰された住宅は，「ゴミ」

として処理されていくこととなる。ここで注意が必要なのが，住宅としての利用価値を失った住宅がすべてゴミではないということである。リノベーションなどを通じて，市場の中で利用可能な住宅へと再生していくこともできる。しかし，所有者が利用の意思もなく，リノベーションなどをして再生する意思もなく，加えて適正な管理がなされていない，都市空間に放置された住宅が，ゴミとして処理されていかなければならないのである。いわゆる「放置住宅」である。そして，ここに住宅の特殊性がある。

　住宅は，都市空間の一部を構成していることから，空き家となり，十分な管理ができていない場合には，負の外部性を周辺地域にもたらすためである（清水他 2013）。

　そうすると，このような放置住宅を，どのように廃棄していくべきかという問題に移る。住宅に限らず，家計や企業は不要になった財は，その所有者の責任のなかで廃棄していく。その廃棄においては，自治体がゴミ処理場などの建設を通じて公共サービスとして提供しているが，広く一般家計が排出するゴミについては，税金のなかで負担がなされ，家計や企業は分別する責任と決められたルールのなかで，そのゴミを処理している。

　しかし，一定程度の規模や特殊な製品に関しては，別のルールが適用されている。粗大ゴミについては特別な料金を支払うし，電化製品などの廃棄については購入段階で一定の負担が求められている。

　住宅の場合はどうであろうか。粗大ゴミのような性質もあるし，電化製品のような性質も併せ持つ。もちろん優先すべきは，所有者である。所有者はその責任の下で，ゴミになってしまった住宅を廃棄していかなければならない。この処理過程で，公的部門はどのように関わっていけばいいのかといったことが重要になる。

　改めて，所有者による廃棄の方法について考えてみよう。最も単純な方法としては，廃棄する段階で廃棄するための費用を負担するというものである。しかし，不在地主化してしまっているような場合では，その費用負担のもとで廃

棄していくことが困難になることが多い。経済的に負担することのメリットを享受できないために，その支払いを促すことが困難なためである。将来的には，住宅の生産または供給段階で，電化製品のように，その製造者または販売者に責任を負わせ，購入段階で一定の金額を保管しておくということも考えられるであろう。

　さらには，住宅の管理ができなくなった段階では，公的部門に寄付をするということも考えられる。その際には，寄付として受け付けるための規則の明確化が必要となる。

　このような放置住宅の解消費用に税金を投入するのかどうかといったことに対しては，公平性の観点だけでなく，住宅市場の効率性を維持するためにも，厳格な規定を作っておくことが必要になる。放置住宅を自治体の費用で解消する，または撤去費用の一部を負担する，寄付を受け付ける場合に，建物の改修費用の全額または一部を自治体の費用で賄う場合の判断軸を明確にしないといけない。

　そのような放置住宅の撤去費用に対して，公的負担を行う根拠として，放置住宅が発生させる外部性に注目した議論がある。放置住宅は，負の外部性を発生させているのだから，それを解消するためには公的部門が介入すべきであるといった主張である。しかし，このような議論はあまりに単純すぎる。その場合においても，放置住宅が発生させる負の外部性は，その住宅が存在する周辺の地域に限定される。そうであれば，その外部性を訴える住民に対して，その撤去費用の一部を負担させるといったことも考えるべきである（受益者負担），という議論も成立する。

　さらには，どのように放置住宅を処理させる手続きへと移行させるのかといったことが何よりも重要である。ここで，利用価値がなくなった住宅の撤去方法に関しての一私案を提示する。

　政策的な対応策を考えるにあたり，空き地や空き家が発生してきた背後には，政策の失敗があったことを認識するところから始めないといけない。このよう

第2部　都市の空き家を考える

な問題が発生することになった大きな政策的な転換点は，1991年の生産緑地法の改正と地方税法の一部改正にあるものと考える。

　1991年における地方税法および生産緑地法の改正は，1990年までのバブル崩壊に至るまでの20年あまりにわたって繰り広げられてきた都市農地をめぐる原則論を収束させた，大きな政策的な転機であった。これは，1988年6月に臨時行政改革推進審議会が打ち出した「地価等土地政策に関する答申」，およびそれに続く，土地基本法の制定（1989年），政府税制調査会による「土地税制のあり方に関する基本答申」（1990年）の策定等の一連の土地税制改正の一環として，実施されたものである。生産緑地法の改正およびそれに伴う地方税法の改正は，都市計画と土地保有課税との融合をはかりながら，三大都市圏における特定市の市街化区域内農地の高度利用の促進，土地価格の安定を求めたものである。

　具体的には，生産緑地法の改正によって「宅地化すべき農地」と「保全すべき農地」に明確に区分し，税制面では，「宅地化すべき農地」に対しては固定資産税および都市計画税を宅地並みに課すこととなった。さらに，国税レベルにおいては，相続税の納税猶予制度の対象外としながら，地価税では賦課対象とした。

　当時の資料を見ると（清水1997参照），全国で49,951haの市街化調整区域内農地のうち，生産緑地として指定されたのは15,070ha，宅地化農地へと指定されたのは34,881haであった。市街化調整区域へと再編入されたのは，わずかに136haであった。市街化区域内農地のうち，宅地化農地への指定率は郊外部ほど高い傾向にあった。それは，東京都区部のような都市集積が大きい地域においては，すでに宅地化が進んでいたためである。つまり，市街化区域内農地のうち，一気に宅地が供給されたのは都市圏の中でも現在空き家・空き地問題が深刻化している郊外部であったのである。また，生産緑地に指定された農地も，当時の農地所有者は高齢者であったため，20年が経過した今では，追時的に宅地へと転換されていったと考えていいであろう。

しかし、このような政策転換は遅すぎた。わが国の戦後の住宅需要が最も顕在化した時期は、1980年代前半である。いわゆる団塊世代が住宅市場に参入した時期となる。そのような時期に供給が拡大していれば、その後の住宅バブルを抑制する効果があったかもしれないが、住宅需要が停滞した時期に一気に供給が拡大されてしまえば、資源のだぶつきが出てしまうことは容易に予想できたことである（Shimizu and Watanabe 2010）。また、その後は、生産年齢人口も大きく減少するとともに高齢化率が高まっていくことから、需要要因は年々小さくなっていったのである（Saita, Shimizu and Watanabe 2013）。

そのため、市街化区域内農地の主な転換先を見ると、多くの場合で駐車場、賃貸住宅の供給であった（清水1997）。つまり、現在、郊外都市を中心に問題となっている空き地・空き家問題、土地利用の低利用化問題、土地価格の持続的な下落問題は、この政策転換が契機として起こったと言ってもいいのではないだろうか。

そうすると、現在の空き家問題を解決していくための糸口もここにあると考えるべきである。つまり、当時に実施した政策の逆の発想で政策を実行していけばいいのである。

たとえば、現在の宅地に対して、農地程度の一定の利用制限をかける対価として、税制を減免するというものも一案ではないか。現在、資源ではなく、ゴミとなってしまっている空き家に対しては、利用制限をかけて空地化する一方で、農地並みの課税へと移行する。そして、そのような利用制限がかかった土地を都市内部で集約させることで、都市全体の環境水準の向上と資産価値の上昇を計ることができるのではないかと考える。

逆に、外部不経済をもたらしていることがわかれば、課税を強化するという調整方法もある。課税強化というと、一見増税のようにとらえられるが、固定資産税の原則論に戻していくというものである。現在の固定資産税は、住宅地に対しては、規模に応じた軽減措置が施されている。これは、昭和40年代後半の美濃部都政時代に、地価が高騰する中での固定資産税負担の急激な上昇を

避けるために導入されたものである。しかし，このような軽減措置は課税原則からいえば問題がある。物税である固定資産税に対して，負担能力を配慮することで人税的な要素を加えてしまうことで，土地利用の資源配分に歪みをもたらしてしまうのである（清水2009）。

空き地や空き家の発生は，人口減少や高齢化が進む需要の縮小に基づく問題としてとらえられがちである。しかし，政策立案においては，過去の地価高騰期に実施された政策の失敗や遅れが原因となっているという点に着目するとともに，その修正と反省のもとで，新しい時代に向けた政策的な対応策を検討していくことが重要であると考える。

5. 結論── 空き家問題は解決できるのか？

空き家問題をどのように解消していけばいいのであろうか。

空き家対策として様々な施策が提案されているが，空き家問題は，住宅市場または住宅政策の歪みの中で生まれているのであるから，対症療法的な政策では限界があり，住宅市場または政策の歪みを解消しながら解決していかなければならないことは，一連の議論から理解できるであろう。

住宅の資産の面を重視し，その資産価格が上昇を続けているときには，住宅を所有することで住宅からもたらされるサービス以上の満足度を，住宅を保有する家計は得ることができた。しかし，住宅価格が下落している局面では，資産としての価値はなく，サービスとしての側面が重要となる。

住宅の資産としての側面を重視してきた社会では，価格が下落に転じた瞬間に，住宅が社会のお荷物になる。空き家問題は，そのようなお荷物になってしまった住宅の象徴的な問題として発生しているものと捉えるべきであろう。

空き家問題を解決していくためには，住宅の資産としての側面から解放していかなければならない。資産変動のリスクから家計と住宅を解放しない限り，

住宅の使用財の側面を見失ってしまう。

　それでは，どうしたらいいのであろうか。ひとつの答えは，一連の議論の中で整理してきたように，既存住宅市場の活性化と賃貸市場の成熟を実現することである。そして，利用価値の最大化を目指す必要がある。

　そのような利用価値の最大化を図る過程では，利用可能性がある資源としての住宅の価値はますます大きくなる一方で，利用可能性がない住宅は放置されることとなってしまう。とりわけ，十分な管理がなされていない「放置住宅」の問題は，政策的な対応が求められる。

　しかし，そのような問題が顕在化することは，社会にとってメリットになる面もあるであろう。政策的な対応が進められた場合には，放置住宅を解消していくための新しい産業が生まれることとなる。そのような産業の育成も，政策的に進めるべきものである。

　加えて，このような問題を引き起こさせた政策的な原因を明確にしないといけないであろう。過去の反省なくして，未来を切り開くことが困難なことは，我々は多くの歴史から学んでいる。市場メカニズムが正常に機能していれば，資源配分の歪みは，「神の見えざる手」に導かれて解消されていくはずである。しかし，空き家・空き地問題のような資源配分の歪みが，政策的な誘導によってもたらされてしまっているのであれば，その原因となった政策を見直すことから始めなければならない。

　しかし，現在の日本が抱える構造的な問題を俯瞰したときに，より強権的な政策対応が求められる。

　人口減少と少子高齢化が進む中で，住宅市場のみならず日本経済の成長性を大きく停滞させることが予想されている。かつて，不動産バブルとその崩壊の中での不良債権処理の遅れは，日本経済の再生を大きく遅らせてしまった。その背後には，「ゾンビ企業」の存在があった（Caballero, Hoshi, and Kashyap 2006）。「ゾンビ企業」とは，経営が破綻しているのにもかかわらず，政府や銀行の支援を受けて存続している企業のことをいう。現在の「空き家」は，既に

機能が破綻しているにもかかわらず政府の支援を受けて存続している，まさに「ゾンビ不動産」なのである。

空き家問題に対する政策は，単なる住宅政策として捉えるのではなく，経済政策として捉えていかなければならない。そして，その空き家問題は，「ゾンビ不動産」問題の氷山の一角であると見なければならない。日本の国土全体を見渡せば，不動産としての機能を失っているにもかかわらず生き延びている不動産が多数存在する。家計が所有している住宅だけでなく，企業が所有している不動産，公的部門が所有している不動産のなかには，様々な支援を受けながら生き延びている「ゾンビ」が無数に存在しているのである。このような問題に対応していく政策が，「企業不動産戦略」であり，「公的不動産戦略」となる（清水・高2009）。本章で示したように，政策的には，再生させる「ゾンビ」と退治しなければならない「ゾンビ」を識別することから始めることが必要になろう。

「ゾンビ」の存在は，経済を蝕んでいく。そして，「ゾンビ」は増殖していく。「ゾンビ企業」の存在が「失われた20年」を演出してしまったように，「ゾンビ不動産」の存在は将来の日本経済を大きく停滞させてしまう可能性が高い。単なる空き家対策だけでなく，より広い視野からの「ゾンビ」退治が進められることを期待したい。

〈参考文献〉

Caballero, R., Hoshi, T., and A. Kashyap (2006), "Zombie Lending and Depressed Restructuring in Japan," NBER Working Paper No.12129

井上智夫・清水千弘・中神康博 (2009),「資産税制とバブル」井堀利宏編著『バブル・デフレ期の日本経済と経済政策5・財政政策と社会保障』慶應義塾大学出版会, pp.329-371

Saita, Y., C.Shimizu and T.Watanabe (2013), "Aging and Real Estate Prices: Evidence from Japanese and US Regional Data," CARF Working Paper Series （東京大学), CARF－F－334

清水千弘（1997），「農地所有者の土地利用選好に関する統計的検討―生産緑地法改正における農地所有者行動を中心として―」『総合都市研究』Vol.62, pp.31-45, 東京都立大学

清水千弘（2009），「都市基盤整備財源としての受益者負担金制度の課題」『計画行政』Vol.32, No.1, pp.74-82

清水千弘（2010），「大きな都市，小さな都市―Big City or Small City―」『新都市』第64巻第7号, pp.14-20

清水千弘（2009），「住宅賃料の粘着性の計測―住宅市場の変動とマクロ経済政策への応用―」『麗澤経済研究』第17巻第1号, pp.29-50

清水千弘・高巌　編著（2009），『企業不動産戦略』麗澤大学出版会

Shimizu,C and T.Watanabe（2010），"Housing Bubble in Japan and the United States", *Public Policy Review*, Vol.6, No.2, pp.431-472

Shimizu, C., K.G.Nishimura and Y.Asami（2004），"Search and Vacancy Costs in the Tokyo Housing Market : An Attempt to Measure Social Costs of Imperfect Information", *Review of Urban &Regional Development Studies*, Vol.16, No.3, pp.210-230

Shimizu,C., K.G.Nishimura and T.Watanabe（2010），"Residential Rents and Price Rigidity : Micro Structure and Macro Consequences", *Journal of Japanese and International Economy*, Vol.24, pp.282-299

中川雅之・斎藤　誠・清水千弘（2014），「老朽マンションの近隣外部性―老朽マンション集積が住宅価格に与える影響―」『住宅土地経済』No.93, pp.20-27, 社団法人日本住宅総合センター

清水　千弘ⓒ

空き家と住宅政策

神戸大学大学院 人間発達環境学研究科 教授
平 山 洋 介

1. はじめに——不足から余剰へ

　空き家の増大は，住宅政策のあり方に関して，何を示唆するのか。この点の検討が本章の課題である。

　戦後日本の住宅政策が圧倒的な住宅不足から出発したことは，知られているとおりである。政府の推計によれば，終戦直後の住宅不足は420万戸におよび，この数字は当時の住宅総戸数の約5分の1に相当した。人口と世帯数の増加は住宅需要を膨張させ，都市に向かう大規模な人口移動は住宅不足をさらに深刻にした。

　しかし，住宅建設は旺盛に進み，前世紀の末には，住宅余剰の時代が始まった。都市化の勢いは沈静し，住宅需要の圧力は下がった。人口は2000年代半ばに減りはじめ，世帯数もまた近い将来に減少に転じる。住宅戸数は世帯数を上回り，空き家が増え続けた。住宅の需給関係が「不足」から「余剰」に移ったことは，政策条件の根本の変化を意味する。空き家率の上昇という文脈のなかで住宅政策をどのように変えるべきか，という問いの一端を考察することが，ここでの関心事である。

2. 空き家の実態

　増大する空き家という現象から政策課題を導くために，まず必要なのは，その実態を知ることである。

　住宅・土地統計調査の結果によれば，空き家は 2008 年に約 756 万戸に増大し，その住宅総数に対する比率は 13.1％まで上昇した。この統計は，空き家の種類を「二次的住宅」「賃貸用の住宅」「売却用の住宅」「その他の住宅」に分けている。その構成比をみると，「賃貸用」(54.5％) が最も多く，次いで「その他」(35.4％) の割合が高い。セカンドハウスなどの「二次的住宅」(5.4％) と「売却用」(4.6％) は少ない。持家・賃貸セクター別に空き家率を計算すると，持家セクターでは 1.1％にすぎないのに比べ，賃貸セクターは 17.6％と高い数値を示す。

　空き家のなかで，近隣に外部不経済をもたらす可能性が高いのは，「その他」である。このタイプの空き家は，利用予定が明確ではなく，維持・管理，防犯・防災，景観・環境に関連する問題を発生させる場合が多い。腐朽・破損のある住宅の割合は，全住宅では 8.8％であるのに対し，「その他」空き家では 31.6％におよぶ (2008 年住宅・土地統計調査)。

　空き家ストックの構成には，地域差がある。人口の減少・高齢化が進む地方圏では，住宅需要の減少によって，利用目的のない住宅が増加したことから，「その他」空き家の構成比が高い。これに対し，借家率の高い都市圏では，「賃貸用」空き家がより多い。

　都市圏の空き家はどのように分布しているのか (図)。首都圏における 2008 年の空き家率は，住宅全体では 11.2％，集合住宅では 14.5％であった。住宅全体の空き家率を市区町村別に観察すると，東京都心部の数値は，中央区と千代田区で高くなっているが，それ以外では低い。これに対し，首都圏の縁辺部では，空き家率の高いエリアが存在する。千葉県の東上総・南房総地域，埼玉県

第 2 部　都市の空き家を考える

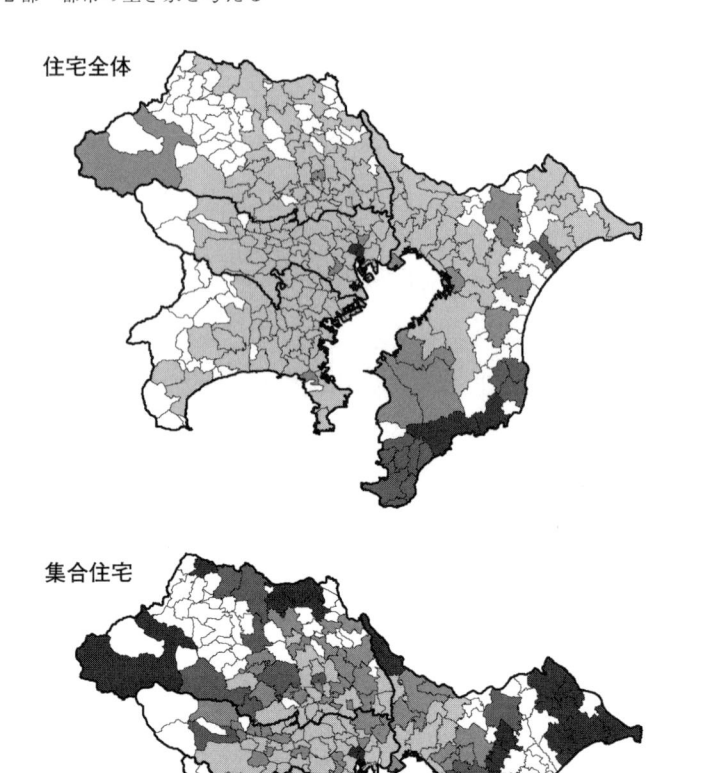

図　空き家の分布（首都圏・2008 年）
注）1) 住宅戸数に対する空き家戸数の割合を市区町村別に図示。
　　2) 集合住宅は，一戸建て以外の建て方の住宅。
　　3) 首都圏は，東京都，埼玉・千葉・神奈川県。
　　4) 白抜きは，データの公表されていない市区町村。
資料）『平成 20 年住宅・土地統計調査報告』より作成。

の秩父地域などの多くの自治体では，空き家率が15%を超える。

　集合住宅の空き家率をみると，縁辺地域での数値が顕著に高い。縁辺では，集合住宅に対する需要が小さく，その立地は少ない。人口減などによって，住宅市場が縮小すれば，縁辺立地の集合住宅には，空き家が急増する。集合住宅の空き家率は，千葉県のいすみ市，南房総市，勝浦市では5割を超え，埼玉県の秩父市では4割以上となった。大量の空き家が生じた集合住宅には，維持・管理の放棄など，深刻な問題状況が発生する場合がある（松本2009）。

3. 政策形成の枠組み

　空き家はさらに増大すると予測されている。住宅建設が続き，世帯数が減少し，住宅滅失がそれほど増えないとすれば，空き家率の上昇は必然である。空き家の存在は，住宅市場の円滑な成立のために，不可欠の要素である。空き家があってはじめて住み替えが可能になる。しかし，空き家の過度の増大は，資源浪費を意味し，外部不経済を拡大する。米山（2012）の推計によれば，住宅着工・滅失の水準が現状維持の場合，2028年の空き家率は23.7%にまで上昇する。

　空き家の過剰な増大を避け，住宅市場の適切な機能を保つために，住宅関連の政策フレームの再編が求められる。その内容は，①新規建設の抑制，②ストック重視の市場形成によって，空き家増大に歯止めをかけ，そのうえで，③不用空き家の除却，④使用可能な空き家の有効活用を進める，という組み立てになる。このうち，①と②は，住宅政策の課題である一方，③と④に関しては，住宅政策だけの枠組みにはおさまらず，より多種の分野に関係する街づくりの課題として位置づけられる。

4. 新築重視からの脱却

　まず，重要なのは，新規住宅の建設抑制である。戦後日本の住宅政策は，1950年代に体系化され，その時代の深刻な住宅不足を反映し，建設促進に力点を置いた。経済のめざましい成長を反映し，1950年代と60年代を通じて，住宅着工は増え続けた。住宅建設計画法は1966年に成立し，これにもとづき，住宅建設五箇年計画が定期的に策定された。この法律は住宅政策の中心目標が建設推進にあることを明示し，五箇年計画は建設戸数の目標値の設定をおもな内容とした。

　住宅建設を促進する施策は，1970年代から，景気対策の中心手段として位置づけられた。とくに持家建設は，高い経済効果をもつと考えられた。第一次オイルショック（73年）に続く不況に対し，政府は，経済刺激のために，住宅金融公庫の融資を大胆に増量した。このパターンの施策は，第二次オイルショック（79年），プラザ合意（85年），バブル破綻（90年代初頭）などに起因する景気悪化のたびに実施された。

　住宅不足が緩和し，住宅余剰が増えるにつれて，建設促進の住宅政策は合理性を失った。これを反映し，政府は，1990年代半ばに「ストック重視」の方針を打ちだした。住宅建設計画法は2006年に廃止となった。しかし，住宅政策の領域では，長年にわたって新規建設を推進してきた"伝統"がある。公共政策の立案と実施は，経路依存の傾向を有し，過去の経緯から無縁ではありえない。景気が後退すれば，住宅建設を増やそうとする「慣れ親しんだ手法」が使われる。リーマンショック（2008年）に続く不況に対し，政府は，持家建設の拡大によって経済回復を刺激しようとした。「ストック」重視の実効を高めるには，建設指向の"伝統"から抜けだす方針をより明確に打ちだす必要がある。

5. ストック市場の形成

　住宅政策の「ストック重視」方針において，とくに大切な課題は，ストックのリフォーム・流通市場の形成である。新規建設に傾く政策展開のもとで，中古住宅の流通市場は，小規模なままであった。住宅金融公庫の融資，住宅ローン関連の税制などは，新築購入に有利な条件を与えていた。これを転換する施策は，少しずつ進んできた。新耐震基準を満たす中古住宅の購入は，住宅ローン減税の適用対象となった。公庫融資は，中古取得を対象に含める方向に変化した。公庫は 2007 年に廃止され，住宅金融支援機構がその後継組織となった。同機構は，リフォーム工事をともなう中古購入を優遇する方針を示した。

　しかし，ストック市場の成長は，順調とはいえない。住宅流通戸数のうちわけに関する 2008 年のデータをみると，新築が大半を占め，中古は 13.5％にすぎない（住宅産業新聞社 2013）。住宅リフォームの市場も小さいままである。その規模は，1990 年代半ばに年間 5 兆円を超えたが，それ以降は，微増と微減を繰り返し，目だった伸びは示さず，2010 年では，5 兆 20 億円であった（同）。こうした状況は，「ストック重視」方針をより大胆に強化する必要性を表している。

　ストック市場の拡大の兆しはある。バブルの破綻以来，経済の不安定さが増し，持家取得はより困難になった。住宅ローンをかかえる勤労者世帯に関するデータによれば，住宅ローン返済を中心とする住居費の対可処分所得比は，1989 年では 12.8％であったのに対し，2009 年では 18.5％まで上昇した（平山 2014）。この状況は，より多くの世帯を安価な住まいの確保に向かわせ，中古住宅の市場を拡張する要因になる。若い世代では，郊外に一戸建て住宅を新築し，住宅ローンを長年にわたって返し続ける，といった 20 世紀後半のライフスタイルを支持し，実践する世帯は減ると推測される。そこでは，安価な中古住宅を積極的に選び，改修を楽しもうとする人たちが増える可能性がある。

住宅ストックのリフォームと流通の市場規模は，拡大し合う関係をもつ。日本では，住宅建築の寿命が短い（山﨑 2012）。その要因の一つは，中古住宅の流通市場が小さい点にある。中古流通のシステムが未発達であれば，住宅所有者の多くは，住宅売却と移転を予定せず，定住を選択し，住宅修復・改善のための投資を控える傾向を強める。これとは逆に，中古流通が増大すれば，より多くの持家世帯が所有物件の売却を想定し，市場評価を高く保つために，リフォーム投資を選ぶ可能性が高くなる。それは，住宅建築の長寿命化に結びつく。より良質の住宅ストックが増え，その流通市場が拡大し，それがさらにリフォーム投資を増やす，というサイクルの形成に向けた施策展開が望まれる。

6. 空き家対策と自治体

　住宅の新規建設を抑制し，ストック市場を拡大することによって，空き家の過度の増大をくい止める必要がある。しかし，大量の空き家がすでに存在し，そのうえ，人口・世帯数の減少によって，空き家はさらに増加する。このため，空き家の過剰発生を避ける政策に加え，現に存在し，増える空き家に対応する施策が不可欠になる。

　この空き家対策は，不用建築となった空き家については，除却を促し，使用可能な建築に関しては，有効利用を進める，という構成になる。先述の空き家の分類に沿っていえば，「その他の住宅」が施策対象の中心になる。この「その他」建築は，放置すれば，より多量の外部不経済をもたらす可能性が高いため，除去または利用の促進が重要課題になる。

　空き家対策では，自治体の役割が大きい。空き家の実態は，地域の人口・世帯動態，住宅需給関係，社会・経済変化などに応じて異なる文脈をもつ。このため，空き家対策もまた，地域状況に即した工夫にもとづいてきた。

　自治体単独の施策だけでは，とくに財政面において，増え続ける空き家への

対処が困難になる可能性がある．自治体の空き家対策では，社会資本整備総合交付金を使える場合がある一方，単独負担のケースもある．政府は，空き家再生等推進事業を実施してきた．しかし，その対象は，産炭・過疎地域に限られ，2013年度までの措置として，多数の人口減少地域を含んでいたのに対し，その終了によって，大幅に縮小する（樋野 2013）．自治体は地域状況をふまえた独自の空き家対策を継続・拡大し，政府は財政支援を強化する，という枠組みが必要になるとみられる．

7. 空き家除却の強制

では，空き家対策のなかで，除却促進の施策はどのように展開しているのか．危険空き家の撤去のために"適正管理条例"をつくる自治体が増加した（樋野 2013，北村 2012）．埼玉県所沢市は，空き家対策に特化した初めての条例を2010年に制定した．これを契機として類似条例が増大し，それは，危険空き家が多くの地域ですでに問題化していたことを反映した．

空き家管理条例のおもな手法は，北村（2012），樋野（2013）らの論考を参照していえば，「強制」と「誘導」に大別される．強制的アプローチは，危険空き家の所有者に対し，助言，勧告を行い，その後に，命令，行政代執行に進む，といったパターンをとる．誘導的アプローチは，危険家屋の撤去に対する補助金支給などの政策支援をともなう．条例には，どちらかの手法に特化しているケースもあれば，両手法を同時に使っているケースもある．

所沢市の条例は，強制的アプローチをとり，適正管理に関する助言・指導と勧告，所有者の公表などに関する規定を備える（日高 2013，前田 2012）．同市では，2009年4月から2010年10月の条例施行までに，空き家所有者から56件の相談があり，そのうち解決（管理不全状態の改善）にいたったのは25件（45%）であった．条例施行後では，2012年10月末までに，相談が193件，解決

は115件（60％）となった。解決率の上昇は，条例の効果を反映する。

　秋田県大仙市は，空き家管理に関する2012年1月施行の条例にもとづき，同年3月に危険家屋除却の行政代執行に初めて踏み切った（進藤2012, 2013）。解体費の請求に所有者が応じなかったことから，宅地は差押さえとなった。行政代執行という"最終手段"は権力の顕示，費用負担，その回収の不確かさをともなう。このため，自治体は行政代執行をためらうのが通常である。大仙市では，危険家屋が小学校に隣接していたという深刻な状況から"最終手段"が用いられた。

8. 空き家除却の誘導

　老朽した空き家の除却を誘導する手法の中心は，補助金供与などの支援である。この背景には，危険空き家の所有者による解体費用負担の困難という事情がある。東京都足立区は，老朽家屋管理に関する条例を2011年11月に施行し，解体工事費の助成をはじめた（吉原2013）。同区の条例は，「空き家」ではなく，「老朽家屋」を対象とし，居住世帯が存在するケースをも対象とする。上述の大仙市は，行政代執行にいたる強制的手法を使う一方，足立区の制度を参照し，危険空き家の解体を助成する誘導的手法をも用いている。長崎市は，空き家管理の条例（2013年7月施行）を運用すると同時に，空き家除却の独自事業を進めてきた。この事業では，所有者が土地・建物を市に寄付または無償譲渡するという条件のもとで，市が危険家屋を撤去し，その後の土地は，住民管理の公共空間として使われる。

　腐朽・破損した空き家の残存要因の一つに，住宅用地に関する固定資産税・都市計画税の特例がある。これは，小規模な住宅用地の固定資産税を6分の1，都市計画税を3分の1に軽減する措置で，空き家が残る敷地をも対象とすることから，その除却を抑制する要因になる。この税制の改変による空き家解体の

誘導という手法がある。新潟県見附市は，危険な状態となった空き家に対する固定資産税等の特例の適用解除を 2012 年 4 月に開始した。これは，空き家除却に関する抑制要因の消失を意味し，特例適用を受けようとする所有者には，空き家修復を促す効果を生む。空き家問題のために税制改変に踏み込むケースは，多いとはいえない。しかし，見附市の施策などを契機とし，税制を見直す自治体が現れている。

9. 空き家利用の促進

　使用可能な空き家については，その有効利用のための施策を考案・工夫することが課題になる。住宅余剰が増える一方，住まいの確保に苦労する人たちにとって，住宅不足は依然として解消していない。空き家の有効利用を進める施策は，住宅不足に直面する世帯に住宅余剰を配分する，という意義をもつ。

　地方圏では，空き家に関する情報収集・提供のために，「空き家バンク」をつくる自治体が増加した（地域活性化センター 2010）。その仕組みの基本は，空き家の賃貸・売却などを希望する所有者が空き家バンクに物件内容を登録し，自治体は，その情報を流通させ，利用希望者を探しだす，というものである。空き家バンクは，人口減のくい止めに取り組む地域において，移住者を受け入れ，その定住を支える重要な手段になる。移住希望の世帯だけではなく，都市と農村といった二地域での居住を希望する世帯もまた，空き家バンクから物件を見つけることがある。

　地方圏での空き家利用の促進策は，情報収集・提供をおもな内容としているが，それに加えて，空き家改修に補助金を供与し，さらに空き家を借り上げる，という施策に踏み込む自治体が現れている。たとえば，島根県は，空き家を 10 年間にわたって無償で借り上げ，外郭団体の補助金を使って改修したうえで，移住者の住まいとして利用する，というシステムを 1997 年から運営して

きた（山本 2013）。

　都市圏で空き家が目立つのは，郊外の一戸建て住宅と市街地の民営借家である。一戸建て住宅については，施策手段の一つとして，「レントアウト」促進が重要になる。郊外では，空き家の所有者の多くは高齢者である。高齢世帯が規模の大きな一戸建て住宅をもてあますケースも増えている。高齢者が転居し，住んでいた持家を貸しだす，あるいは自己居住用とは別の不動産を所有している世帯がそれを借家として運用する，というストック利用がレントアウトである。この仕組みによって，広い一戸建て住宅は，子育て期の家族などに配分され，その住宅事情の改善に役立てられる。

　政府援助のもとで住宅・不動産関連企業が 2006 年に設立した移住・住み替え支援機構は，50 歳以上の世帯の持家を借り上げ，子育て世帯などに賃貸し，所有者には賃料収入を保証するというレントアウト・システムを運営してきた。その実績は大きいとはいえない。しかし，レントアウトはストック利用の有力な手段になる可能性をもち，制度設計のさらなる工夫が期待される。

　都市圏の市街地では，民間賃貸住宅の空き家率が上昇し，その一方，住宅に困窮する高齢者，障害者，母子世帯などが増大した。しかし，民営借家の家主は高齢者などの入居を拒む傾向をもつ。このため，高齢者などが入居可能な住まいの「不足」と空き家の「余剰」が同時に拡大した。

　ここで必要になるのは，賃貸空き家をセーフティネットとして位置づけ，それへの住宅困窮者の"アクセス"を支える方策である。東京都豊島区の居住支援協議会は，地域内の空き家の実態を把握したうえで，高齢者などへの居住支援を担う団体を助成するモデル事業を 2012 年に開始した。居住支援の手法のなかで，借家入居促進は重要な位置を占める。居住支援協議会とは，2007 年制定の住宅セーフティネット法にもとづき，自治体，宅地建物取引・賃貸住宅管理などの事業者，住宅関連の NPO などが，住宅確保の困難な世帯に対する借家入居支援を目的として構成する組織である。豊島区のモデル事業は，"アクセス"促進によって「不足」と「余剰」を出会わせる仕組みを試す意味を有

している。

10. おわりに——住宅政策の再構築に向けて

　本章では，空き家の増大という実態から住宅政策の枠組みの転換が必要になることを述べてきた。住宅の新規建設を抑制し，ストック市場を育成・拡大することによって，空き家の過剰化を避けることが，まず必要である。そのうえで，不用建築となった空き家を除却し，利用可能な空き家を有効に活用する施策が求められる。

　日本社会は，成長の段階を終え，成熟の段階にすでに入っている。人口は減りはじめ，世帯数もまた減少に向かう。住宅ストックは大量に蓄積された。経済の高い成長率が再現するとは考えられていない。この成熟社会では，住宅の新規建設ではなく，ストック利用の合理性が高まる。

　政府は，住宅政策における「ストック重視」の方針を明示してきた。にもかかわらず，ストック市場の成長は遅い。その理由の一つは，住宅の新規建設が経済を支えるという見方が根強い点である。しかし，新規建設に依存する経済は，持続可能ではない。住宅需要の減退にしたがい，建設戸数は減少した。この結果，住宅投資の対実質GDP比は，1980年代後半から90年代前半にかけて，5～6％台の水準で推移していたのに対し，2002年には3％台，2009年には2％台まで落ち込んだ（住宅産業新聞社2012）。

　住宅市場を「ストック重視」に転換することは，住宅投資を縮小するのではなく，むしろ拡大し，その安定に結びつく。中古住宅の流通市場が成長すれば，それにともなって，リフォーム市場が拡大する。新規住宅関連の一戸当たり投資額は，中古関連のそれに比べて，より大きい。しかし，新規建設はもはや増えないのに対し，リフォーム・流通の対象となるストックは膨大である。欧州諸国では，日本に比べて，単位人口当たりの住宅建設戸数がより少ないにもか

かわらず，住宅投資はより多い。これは，住宅ストックのリフォーム・流通にもとづく経済の強さを示唆している。成熟段階に入った日本において，"新築信仰"を捨て，「ストック重視」の住宅市場をもつことは，より安定した経済を持続するうえで，必要かつ必然の方向性である。

〈引用文献〉
北村喜宣（2012），「空き家の管理手法と自治体条例の法的論点」『空き家等の適正管理条例』地域科学研究会
住宅産業新聞社（2012），『住宅経済データ集（2012年版）』
進藤　久（2012），「「空き家等の適正管理に関する条例」の取組み」『空き家等の適正管理条例』地域科学研究会
進藤　久（2013），「大仙市における空き家対策」『住宅』62（1）
地域活性化センター（2010），『『空き家バンク』を活用した移住・交流促進調査研究報告書』
日高義行（2013），「所沢市空き家等の適正管理に関する条例の制定による，空き家対策について」『住宅』62（1）
樋野公宏（2013），「空き家問題をめぐる状況を概括する」『住宅』62（1）
平山洋介（2013），「マイホームがリスクになるとき」『世界』No.846
前田広子（2012），「空き家等の適正管理に関する条例」『空き家等の適正管理条例』地域科学研究会
松本恭治（2009），「老朽・不良マンションの再生は可能か」『住宅会議』No.77
山﨑古都子（2012），『脱・住宅短命社会』サンライズ出版
山本幸子（2013），「農村地域における定住促進のための空き家活用制度」『都市住宅学』No.80
吉原治幸（2012），「「老朽家屋等の適正管理に関する条例」の仕組みと実務」『空き家等の適正管理条例』地域科学研究会
米山秀隆（2012），『空き家急増の真実』日本経済新聞社

平山 洋介ⓒ

マンションにおける空き家予防と活用，計画的解消のために

明海大学 不動産学部 教授
齊 藤 広 子

1. はじめに

　約半世紀前から本格的に供給が始まったマンション（区分所有の住宅）。これからますます築年数の経ったマンションが増加する。その一方で，新しいマンションがどんどん供給されている。

　これはマンションだけでなく，日本の住宅全体の傾向であるが，とりわけマンションでは，空き家が増加すると，管理がより一層困難になる。つまり，管理費の滞納が増えやすく，役員の成り手が減り，総会への出席者は減り，かつ合意形成が困難になりやすい。ゆえに，円滑な管理には空き家の予防が基本的に必要になる。

　そこで，第1に空き家の予防，第2に空き家の活用方法を考察し，最終的には空き家の解消としてマンションそのものを解消する方策を検討する。

2.「使えるマンション」の空き家の予防

(1) 空き家の実態

　どのマンションでも平等に空き家が進行するわけではない。5年に一度行われるマンション総合調査（平成25年度）によると，マンションにおける空き室率は平均2.4％で，昭和44年以前建設マンションでは8.2％，昭和45〜49年建設マンションでは5.6％，昭和50〜54年建設マンションでは4.7％と，築年数が経ったものが高い傾向にある。

　空き家は，売りたくても売れない，貸したくても貸せない状態が続いていることであり，戸建住宅であれば，利用していなくても「そのうちに売ろう……」と考えることもあるが，マンションでは使わなくても，月々に管理費・修繕積立金の支払いが求められ，できるだけ早く処分しようという意向が戸建住宅よりも高くなり，それゆえ，いままでは大きな問題になりにくかった。しかし，今後は住宅需要の低下とともに，空き家による管理問題は大きく深刻化しよう。

　そこで，大きな方針として，全てのマンションから空き家を予防するのではなく，適正に管理をされているマンションからは空き家を予防し，適正に管理をされていないマンションを市場から撤退させるべきである。こうしてマンションの質を，市場を通じて向上させる仕組みが必要である。つまり，「使えるマンション」は適正に市場で選別され，「使えないマンション」はいち早く市場から撤退されるようにすることである。

(2)「使えるマンション」選定の市場の失敗

　しかし，残念なことに，現在，我が国で「使えるマンション」「使えないマンション」を市場で選定する仕組みは整っていない。ここでは，「使えない」

一つの例として耐震性が低いマンションをとりあげて考えよう。

現在，耐震性が低いマンションがどの程度あるのか。マンションストック約600万戸のうち，新耐震基準が施行された1981年時点ですでに106万戸のマンションが存在していた。つまり，現在のマンションストックの2割以上が耐震性の疑わしい状態である。しかし問題は，疑わしい状態であっても，耐震診断をし，疑いを晴らすことが少ないこと，さらに問題があっても耐震補強工事をすることが必ずしも多いわけではないことがある。耐震診断を行ったマンションは，旧耐震基準のマンションでも3分の1である。また耐震診断をし，問題があるとわかっても，3分の1しか改修工事を実施していない現状がある（平成25年度マンション総合調査より）。

なぜ，耐震化が進んでいないのか。

耐震性能を含め，「使えるマンション」，「使えないマンション」を市場で選別するには，中古市場や賃貸市場においてマンションの性能が開示されていることである。実際，賃貸住宅市場においては，管理の状態により，空き家率が異なっている[1]。しかし，賃貸住宅市場では，目に見える性能のみが中心となりがちである。区分所有型マンションでは，さらに長期的にみた，耐震性能等や建物の維持管理の状態である修繕履歴情報，さらに共同管理の状態の開示が必要である。

情報開示の視点からは，宅地建物取引業法で重要事項説明の項目が用意されている。しかし，市場で性能を適正に判断するには，重要事項説明の内容だけでは十分ではない。また，重要事項説明の内容すら，取引前・取引時に十分に開示されているとは言い難い。それは，「把握できない場合には開示しなくてもよい」という，逃げ道が用意されているからである。

また，実際に中古住宅や賃貸住宅の取引時における重要事項説明は，概ね購入希望者・賃借希望者が「意思を決定した」後に契約より前に行われることが多いのが現実である。消費者が一般に住宅の購入や賃借を考え，はじめにアプローチするインターネット上の不動産情報や，不動産情報誌ではほとんど開示

されていない。せいぜい，月々の管理費・修繕積立金，管理会社名，ペット飼育の可否程度である。入居後，個人の努力だけではどうしようもない，共用部分の状態や共同管理の情報が少ないのである。いわば，マンションの耐震性能等を判断できる情報開示が市場で整備されていない，市場の失敗である。

「使えるマンション」であることを明示するためには，より積極的な情報の開示が必要である。

たとえば，アメリカでは，新築時から適正な管理方法の設定を規制，誘導するためにパブリックレポート[2]の発行，中古住宅の取引では，所有者からの告知書による情報の開示，またフランスでは，修繕履歴等を示した「修繕カルネ」を整備しておくことは管理者の責任であり，購入予定者は「修繕カルネ」の開示を要求できる権利がある。

フランスでは，マンション購入予定者は，2001年6月1日より，「都市連帯及び都市再生に関する2000年12月13日法」(SRU法)に基づき，管理者(Syndic)が作成・更新する「建物修繕カルネ（Carnet d'Entretien)」と，建設・住宅法第111.6.2条に定める「ディアグノスティック（Diagnostic；不動産売買に必要な法定測量および鑑定)」の提出を求めることができることになった[3]。つまり，管理者に「修繕カルネ」の作成と記載情報の更新が義務付けられた。複数棟建物の場合は建物毎に作成・保有し，全体管理組合の「修繕カルネ」は棟別（または一部）組合の共用部分情報も含むものとする[4]。

「修繕カルネ」には，①建物の住所,②管理者の概要,③組合加入の建物の保険契約番号および契約期日を明記する。さらに任意情報として，④外壁の美観回復(ravalement)，屋根修繕，エレベーター・ボイラー・配管の交換等の大規模工事の実施年および工事担当業者，⑤組合を受取人とする欠陥住宅保険の保証期間内であればその契約番号，⑥共用設備の管理・保全契約の契約番号と期日，⑦区分所有者総会が採択した数か年の工事計画と日程，⑧他に区分所有者総会の決定に基づき，建物の建設や技術調査に関する情報などの追加情報を含むことができる。表1の例には，上記①②③④⑥の内容が含まれている。

マンションにおける空き家予防と活用，計画的解消のために

表1 「修繕カルネ」の例（A4判・11ページ）

p.1　マンション名，住所，マンションの外観の写真
p.2　管理者の概要
p.3-5　一般的情報
p.6　管理組合基本情報
p.7　当該区分所有住宅に関する技術的情報　建物概要：1982年竣工，（土地）面積：5,500㎡，土地台帳番号第 BZ 231
　　　戸数：108(内訳：住宅32，地下倉庫32，駐車場43，他1)
　　　エレベーター数：2，管理人：無，オートロック：有，インターホン：有
　　　水道：自治体が居住者に直接請求
　　　エレベーター管理契約：全項目をカバー
　　　所有者組合：全体組合有，一部組合などは無
　　　棟数：2(A棟とB棟)
　　　建築許可：市役所提出 37.9.61.9.3.021 号
p.8　その他の情報
　　　法的な問題，裁判上の問題なし
　　　アスベスト検査：合格（1997年11月17日・B社）
　　　テレビ：ケーブルへのアクセス，N社に加入申請
　　　パラボラアンテナ：ベランダへの設置は禁止
　　　暖房：各戸の個別暖房
〈所有者組合総会の決定事項〉

年.月.日	決議番号	決定事項
2005.05.25	12	規定遵守のために規約の変更はしない
	13	A棟とB棟の入口ホール改装（T社）
	15	A棟とB棟のエレベーターの改修・規定遵守（SAE法）のための調査（A社）
	16	全員一致が必要なため，総会で同決議は不成立
2006.06.20	12	SAE法に準じエレベーターの改修・規定遵守
	13	階段踊り場（一部）の床と壁の修復（T社）
2007.05.21	12	南側の未舗装道路部分に排水溝を設置
	13	A棟とB棟の地下出入口部分の塗装（T社）
	14	アルミサッシ窓に取替え希望区分所有者に許可
2008.4.14	12	クーラー設置の希望区分所有者に許可 室外機のないタイプで，排気口が外から見えず，事前に許可を得ることが条件
2009.6.29	12	水道の元栓の交換

p.9-11　共用設備の修繕・保全契約（各項目の担当業者と連絡先，契約番号・契約期間等を記載）；電気・ガス・水道・保険（住宅総合保険）・共用部分清掃・緑地手入れ・エレベーターとその内電話・ゲート・ケーブル・水道メーター・排水・消火器・換気システム

(3) 「使えるマンション」にするための政策の失敗

「使えないマンション」も，努力次第で「使えるマンション」になれる。しかし，そのための制度が整っていない。いわば政策の失敗である。これを同じく，マンションの耐震性で考えよう。

現実に，耐震性が低いマンションに耐震化工事をして，耐震性能を上げるのは難しい。その理由は，第一に，区分所有者の合意形成の問題がある。合意形成は，区分所有法によると4分の3以上（区分所有者の定数は規約で過半数まで可）の賛成と特別の影響を及ぼす者の承諾（区分所有法17条）がいる。つまり，たとえば耐震改修工事のために，自分の住戸の前にバッテン印の補強工事がされる，あるいは専有部分が狭くなる人の承諾が必要となるが，現実にはこれはなかなか難しい。そして，耐震改修工事に賛成をしない，反対した者に対して，建替えと異なり，売渡し請求ができない。こうした私法上の課題がある。

第二に，耐震改修促進法では，マンションの耐震性の向上は「自己責任で行ってください」と，義務化の対象外になっている。ゆえに，促進が難しいという，公法上の課題もある[5]。

第三に，耐震改修工事は費用がかかり[6]，費用負担困難層の存在という経済上の課題がある。

第四に，費用をかけ，耐震改修をしても，耐震性について，市場では評価されにくいという問題がある。宅地建物取引業法では，重要事項説明で耐震診断の有無と，「有」の場合のみ情報の開示が求められる。つまり，マンションの売買時に耐震性に関する情報開示の必要性が実質的にない状態であり，不動産取引体制の課題がある。

なお，2013年に改正された耐震改修促進法では，マンションはあいかわらず努力義務の対象であるが，耐震診断の結果を受け，行政による「安全性の認定」制度ができ，市場のメカニズムを使うことへの一歩前進がある。さらに，耐震改修が必要なマンションが行政に申請し，「要耐震改修認定建築物」に認

定されると，耐震改修工事は4分の3決議ではなく，過半数決議で行えることになる。これにより，合意形成の壁は多少低くなったものの，他の問題が解決したわけではない。

人口減少時代には耐震性能の方法を変える必要もあろう。いままでのように既存の建物をベースに，厚く重くサポートするよりも，容積を減らして軽くする方法もある。しかし，容積が減るのに誰が工事費を払うのかが課題となる。区画整理事業と同じように，空間が狭くなっても価値が上がればという市場のメカニズムをどのようにはたらかせばよいのかが課題である。

また，耐震補強による費用負担や補償の問題を促進するために，マンション内の移動を円滑化する方法がある。改修費用が負担できない区分所有者は，改修工事により経済的価値が下がる住戸に移転するなどし，マンション内で移動する。こうしてマンションに居住する権利を維持する方法である。実際に，マンション内で，3LDKから4LDKに買い替える，住戸を買い増す等が行われていることから，環境を大きく変えずに住み続けることは高齢者には重要になる。しかし，それを所有権の売買で実施すると取引費用が大きくなることから，利用権の移動など，あらたな権利変換の仕組みの検討も必要である。

3. 空き家の利用

空き家による管理問題の予防には，空き家を利用することがある。

(1) 賃貸化とそれを前提とした管理運営方法

空き家を賃貸住戸として利用する方法がある。ところが，従来の管理方式では，なかなか対応しにくい点がある。それは，従来型管理方式には以下の前提条件があるからである。

① 重要な管理方針は区分所有者全員が参加し，総会で決める。概ね年1回

第 2 部　都市の空き家を考える

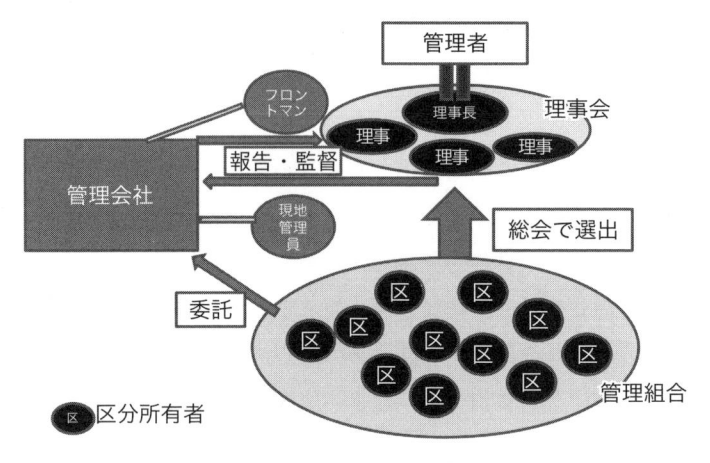

図1　従来のマンション管理方式

　　開催し，必要があれば臨時総会を開く。
② 　居住している区分所有者の中から理事を選出し，理事会をつくり，総会に諮る議案を作成する。
③ 　理事会の長である理事長が区分所有法でいう「管理者」になる。

　以上の前提条件の中で，賃貸住戸が増えると，区分所有者の不在化が進行し，上記の①②，特に②の「理事の選出」を困難にし，さらに責任が重い理事長＝管理者になる人が少なく，③の「理事長が管理者」がますます困難になる。

　このように，全てのマンションではないが，一部のマンションでは，「区分所有者の中から理事を選出」し，その中の一人である「理事長が管理者」となることが難しくなっている。

　そこで，筆者が提案しているのは，賃貸化が進んだ場合，区分所有者全員が居住していることを前提とした，所有・居住一体型の自治方式を見直し，所有と居住を分離し，所有者組合と居住者組合による運営を行う方式である。区分所有者による総会では所有に限定した行為を決め，そのほかは居住者組織で運営する方法である[7]。

また，専門業者に管理の委託を増やす方法もあり得る。いわゆる賃貸住宅のように，所有者集団は所有に関することのみ総会で決め，日常的な管理運営は専門家が行う方法である。こうして，マンションにおける賃貸化に対応した管理運営方式の設定が必要である。

(2) 2戸一化等のルールの整備

　住戸をマンション外の人に貸すことも可能であるが，マンション内で利用することもあり得る。実際，マンション内での循環居住，一部屋買い増し，賃貸などがある。

　たしかに，「子供が大きくなった時期にもう一部屋を同じマンション内で購入したい」や，「離れている親を呼び寄せたい」，「子供世帯を呼び寄せたい」，「5階に住んでいるがエレベーターがないので1階に住みたい」などがあり，同じマンション内での賃貸需要は存在する。また，隣接住戸を買い取り，2戸一化することはめずらしくない。むしろ，こうしたことを積極的にできる仕組みが必要である[8]。

　売りたい人，貸したい人の情報のストックだけでなく，2戸一化のルールの整備である。2戸一化により建物の構造上に問題がないかの審査制度，その審査とアドバイスを行う専門家の支援体制，さらに，共用部分や専有部分の広さの変更に伴う運営上のルールなどを決めておくことが必要である。

(3) 寮・社宅・シェアハウス等の利用

　老朽化したマンションを買い取り，ウィークリーマンション，シェアハウス，寮などとして経営する主体も登場してきた。ここでは，ばらばらになった所有権を市場のメカニズムを利用し，一本化してきている。

　さらに，「住宅」として機能しにくい物件に，「時間」や「サービス」や「信用補填」といった住宅および住宅を借りる場合と異なるサービスを付加し，住宅市場ではなく，ホテルや施設の隙間のマーケットを狙う，ニッチ市場のなか

でのマンションの再生である。

　そのなかで、最近問題になっているものに、マンション内の一室を使っての脱法シェアハウスがある[9]。一般住戸とフロアー別にしても玄関・エントランス・ごみ置き場・自転車置き場・エレベーター等の共用部分の共同利用は当然強いられる。まして、一般住戸に混じることは他の居住者には共同生活上の不安の種になるだろう。

　多様な利用を一マンションで認め、空き家化を予防するにも、他人同士の多数の居住の場合には現地に管理担当者を設置する[10]、共同の利益に反する行為をすればただちに退去する等、管理運営ルールを決めておく必要がある。

4. マンションの終焉としての計画的解消の必要性

　「使えないマンション」を解消にもっていくための制度設計が必要である。しかし、「使えるマンション」でもいつかは終焉を迎える。問題はいかにスムーズに終焉を迎えるか、人生と同様に、できればPPK（ピンピンコロリ）と最期を迎えたいものである。しかし、実態はなかなかうまくいかない。マンションが老朽化した場合には、建替えをする、あるいは大規模な改修を行うこともあるが、今後は、どちらの道を選ぶマンションも少なくなるだろう。これが人口減少時代の選択である。

(1) 東日本大震災で被害を受けたマンションから考える

　東日本大震災で被害を受けたマンションの実態をみてみよう。阪神・淡路大震災の際と大きく異なっている。
　第一に、被害の範囲が大きく異なる。
　第二に、被害の程度が異なる。震度6以上の地域に限り、マンションの被害状況を比較すると、直下型の阪神・淡路大震災では「大破」が4.8%、「中破」

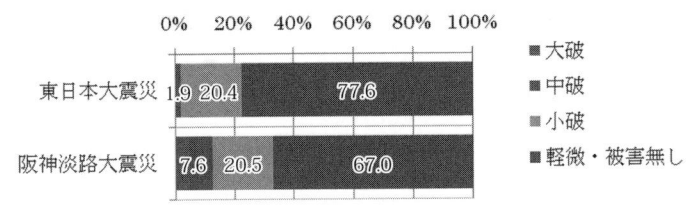

マンションにおける空き家予防と活用，計画的解消のために

```
              0%  20%  40%  60%  80% 100%
                                            ■大破
東日本大震災  1.9 20.4      77.6              ■中破
                                            ■小破
阪神淡路大震災 7.6 20.5    67.0               ■軽微・被害無し
```

図2　東日本大震災でのマンション被害（阪神・淡路大震災と比較して）

（東日本大震災は震度6以上が観測された宮城県・福島県の被害
社団法人マンション管理業協会調査結果より
比較の阪神・淡路大震災の被害は震度6以上を観測した神戸市・芦屋
市・西宮市・宝塚市のマンションの被害（2,400棟））

が7.6％，「小破」が20.5％と，約3割のマンションに「小破」以上の被害が見られるが[11]，東日本大震災では「中破」「小破」を合わせて約20％と，全体的に被害が小さく，少ないように見える（図2）。

　第三に，被災マンションの復興の方針が全く異なる。阪神・淡路大震災の際には，被災した多くのマンションが復興方法として建替えを選択した。しかし，容積率等において既存不適格となるマンションが多かったため，行政は総合設計制度を用いて従前の容積率や高さで建て替えることを認める措置をとり，それを不服とする近隣住民とマンション所有者との軋轢を生む結果を招くことにもなった。その際に，総合設計制度が使われたものの，利用されない・されにくい公開空地の存在の無意味さも指摘されることになった。

　一方，東日本大震災で被害を受けたマンションでは，多くは修繕が行われ，被害が大きかった5つのマンションが解消されることになった。うち，1つのマンションは分譲会社負担による建替えである。残りの4つのマンションは，公費で解体を行い，解消する道を選択している[12]（**表2**）。これがまさに，少子高齢化，人口・世帯減少社会での再生の道ともいえるであろう。

　こうして，解消が被災時の一つの選択肢となり，被災マンション法での整備が行われた。筆者は，マンションを長く使うには，建替えか修繕かの選択から，第三の道として，マンションの共有関係を「解消」し，建物を「解体」し，管

177

表2　東日本大震災の被災マンションで解消に向かった事例

マンション名	Aマンション	Bマンション	Cマンション	Dマンション
立地	仙台市宮城野区	仙台市宮城野区	仙台市若林区	仙台市宮城野区
建築年	1976年	1974年	1975年	1971年
階数，棟数	14階，2棟	7階，2棟	11階，1棟	5階，1棟
戸数	189戸	141戸	63戸	20戸
罹災証明判定	全壊	全壊	全壊	全壊
地震保険判定	全損	全損	半損	不明
決議	2011.4.29に建替え，修繕・解体で提起し，解体決議	2011.6.12に解体決議	公費解体の期限にあわせて決議	不明

理組合を「解散」する，「解消」を用意すべきであると考える。

　その理由は，建替えは大変だし，解消するぐらいなら，もっと長く使おうとする意向が働き，建物を修繕し，長持ちさせることをより一層当たり前にできると考えるからである。そして，老朽化マンションにおいても選択肢の一つと考える必要があり，検討が進められている。

(2)　計画的解消にむけてのプロセスプランニング

　マンション再生の道として，大規模な改修，建替えにあわせ，第三の道として「解消」が選択されている。そこまでにどのようにプロセスプランニングをすべきか。

　ここで私たちが検討すべきこととして，所有権の一本化の手法開発がある。建替えを経験したマンションで，建替え後のマンションで住戸を売る際には，ぜひとも管理者に売ってほしいと提示しているマンションがある。建替え時に区分所有者の合意形成をとり，一つの事業を行うことの大変さを味わっただけに，所有権は出来る限り一本化する必要があると経験を通じての対応である。

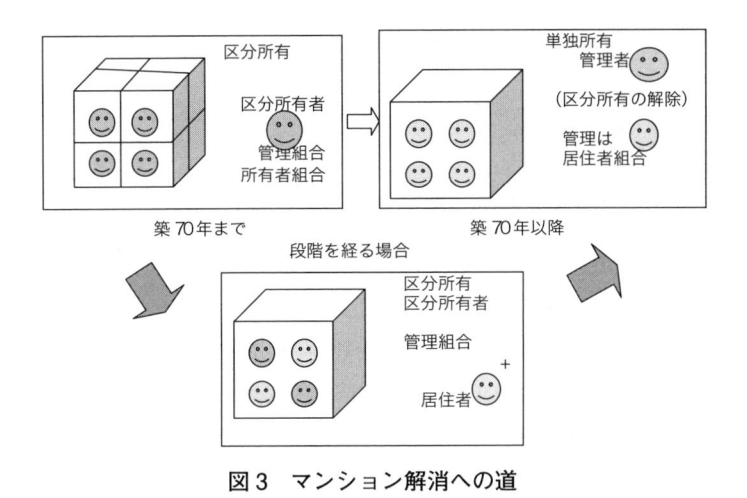

マンションにおける空き家予防と活用，計画的解消のために

図3 マンション解消への道

　また，マンションの区分所有権を売りながらも，マンションに居住し続けている例もある。マンションを買って住んでいたが，お金が必要となり，その住戸を売却したものの，そのまま借家人として家賃を払って住む例である。こうした仕組みを制度化することを検討してはどうだろうか。

　つまり，マンションの築年数が経てば経つほど，居住の安定化を担保しつつ，所有権を一本化する仕組みである。いわば，マンションの所有権は，そもそも物権でありながらも，相対的でかつ制約的所有権である。それを70年使える権利，債権的な権利として考え，70年を超えた時点で，所有権は一本化し，それを利用し続けたい人は居住者となり，かつ所有者と同様に管理責任をもち，管理費を負担する，いわば利用者管理に切り替える制度である。必要に応じて，段階を経ることもよいであろう（図3）。

　少しスキームを考えてみよう。

　将来の売却時のマンションの価値をリバースモーゲージにして，これからかかる将来の修繕積立金や管理費の支払いに充てる方法もある。この場合には，管理者は銀行に信託することもある。

(3) 計画的解消のための検討課題

しかし，こうしたスキームは実際には検討すべき課題が多い。

◆検討課題1

築70年としたが，この数字は固定ではなく，あくまでも目安の数字であり，実際は何年が適正かは検討課題である。

たとえば，定期借地権マンション（平成20，21年度に供給された16事例）では，借地期間の設定は50年から72年で，平均58.2年である。こうした点も考慮し，ある程度，期間はいつと決めてしまう「法規制説」がある。一方では，期間はマーケットが決めるものと考え，市場の原理にゆだねる「市場説」もある。市場説では70年か否かは市場が決めるため，物件により期間が異なることになる。あるいは初期に決めておく方法もある。

「いま，このマンションを終焉させるか否か」については，更地にして土地代を皆で分ける方が，今の不動産価値に修繕積立金を足して皆で分けるよりも高額になる（**表3**(1)）と，終焉する方向になるだろう。あるいは，賃貸することを考えると，マンションを所有し管理するために最低限かかる費用（管理費，修繕積立金，固定資産税等）よりも家賃収入が低ければ（同(2)），建物を維持するモチベーションは低く，この場合も終焉の方向に進むであろう。持っていれば持っているほど，マイナスになるからである。また，人口減少時代に，不動産を保有していると，価格が上がることを想定するのは現実的ではない。ゆえに，(1)や(2)の時点が終焉に妥当であると考えられるが，それを建設時に想定するのは難しい。

そこで，一定の期間，たとえば70年を設定し，その後の終焉の時期は市場を鑑みるが，70年で所有権から利用権に切り替え，その後の残存期間（10〜20年ほど）は住民総意で決める方法もある（同(3)）。その際，ランニングコストが支払えない居住者の存在を回避するために，管理者は所有権を買い取り，それをリバースモーゲージにし，その分でその後の管理費用を賄うことにする。

マンションにおける空き家予防と活用，計画的解消のために

表3 マンションの終焉の分岐点の考え方

◆終焉の時期を決める考え方
(1) ｛[建物と土地（不動産）]の価値＋修繕積立金総額｝＊持分
　　　＜｛更地の価格－解体費｝＊持分
(2) 家賃収入
　　　＜維持管理費＋[運営費（修繕積立金＋管理費＋諸経費等）]
◆所有権から利用権に切り替える時期を決める考え方
(3) n年後の不動産価値
　　　＜n年間の（維持管理費＋運営費（修繕積立金＋管理費＋諸経費等））

こうした方式であれば，かなりの郊外でも成立する。さらに，立地の良い都心型マンションであれば，生活費までもリバースモーゲージで賄うことが可能であろう。

ちなみに，マンションの終焉時期，生存期間が設定されている定期借地権マンションでは，終焉を考えて解体準備金を月々集めている事例が増えている。平成20，21年度に供給された16事例のうち，8事例で月々解体準備金を集め，解体一時金のみ集めている場合は1事例である。その費用は一戸当たり平均月額1,256円（一時金のものも含めて一戸当たり月額にすると1,556円）となる。また，単純にその費用を借地期間内に積み上げると，一戸当たり約200万円が終焉のために準備されている。

◆**検討課題２**

所有権を管理者に移行する方法をどうするのか。70年後の買戻し特約を付ける，あるいは売買契約の予約を登記するなどがありえる。こうした方法で問題がないか，まだまだ検討の余地はある。

◆**検討課題３**

居住者管理方式の検討である。これには現在，根拠法が存在しない。ゆえに，賃貸借契約書あるいは当初の売買契約書および重要事項説明，管理規約の中で

一定のルールを定めておく必要がある。実際に居住者にどのような権限を与えるのか，管理責任をどこまで与えるのかの検討は必要である。

◆検討課題4

管理所有（区分所有法27条）による方法が可能であるのか。管理所有とは，管理者が共用部分の所有者になることであるため，専有部分を共用部分にして，管理所有としても，管理のための所有を前提としたもので，それを用いての使用・収益・処分までも想定しているとは考えられない。ゆえに，管理者による所有の方法を具体的に考えることが必要である。

5. おわりに——これから必要なこと

第一に，マンションという不動産の所有，利用，管理のあり方を再検討する必要があるだろう。所有と利用を分離した管理方式，具体的には居住者管理方式，あるいは専門家による管理方式の検討である。マンションの多様化に伴い，多様な管理方式の準備が必要となっている。

第二に，住宅取引におけるより性能を開示した取引の推進である。特に，マンションでは，共用部分の管理の状態，共同管理状態は個人の努力では何ともできず，重要な要素である。ゆえに，「日本型修繕カルネ制度」の整備と普及が必要である。

第三に，地域の公共財としてのマンションの役割と，それを適正に推進するための施策の整備が必要である。一つには，耐震性を強化する必要がある。地域の避難場所としてマンションの耐震性への期待があるものの，実際にはマンションではなかなか耐震診断やその結果に基づいた耐震補強工事が進んでいない。こうした原因の一つに，耐震診断や耐震補強工事の補助が戸建て住宅に適用されてもマンションに適用可としている市町村が少ないことがある[13]。マンションの地域公共財的な機能を重視し，マンションにおいても戸建て住宅と同

様の制度が活用でき，あるいはより耐震性の向上を推進する体制が必要である。二つには，マンションの不適切な管理は居住者のみならず，地域や都市に外部不経済を及ぼす。これを予防することが必要である。ここには，諸外国でみられるような管理監督制度[14]の検討が必要となろう。

〈参考文献〉
1. 齊藤広子「東日本大震災によるマンション居住・管理への影響と新たな施策の必要性」『マンション学』（2012.5）
2. 齊藤広子他「米国カリフォルニア州の住宅取引における住宅・土地・住環境の情報の開示と専門家の役割」『都市住宅学会』（2012.10）
3. 齊藤広子他「フランスの中古住宅取引における情報と専門家の役割」『都市住宅学会』（2009.11）
4. 齊藤広子他「フランスの修繕カルネの制度と課題：住宅履歴情報を社会的に整備する方策検討のために」『日本建築学会大会梗概集』（2011.8）
5. 齊藤広子他「ドイツの中古住宅取引制度と専門家の役割―公証人制度に注目して」『都市住宅学会』（2010.11）
6. 芝田昇文・中城康彦・齊藤広子「民間賃貸住宅における管理会社の役割に関する研究―管理委託契約と業務執行方法およびそれが空き家率に与える影響」『不動産学会誌』（2011.5）
7. 齊藤広子「共同住宅管理への居住者参加に関する研究」『大阪市立大学生活科学研究科（学位請求論文）』（1992.9）

1) 参考文献6.では，ある地区における民間賃貸住宅の空き家率は管理状態（清掃の状態，建物の維持管理の状態，自転車置き場等の状態）により影響を受けていることを明らかにしている。
2) アメリカでは州の不動産課による開発前・分譲前の管理の初期設定の適正化の指導を法で位置づけ，開発事業者が指導に従うまで分譲を許可しない強い強制力と権限を州が持つ。対象は5戸以上のマンション（共有部分がある住宅）である。分譲段階，契約段階，最終的な完成段階に分け，州は開発事業者から提出される

第 2 部　都市の空き家を考える

書類のもと，図面をみて駐車スペースなどの共用部分の設定，所有権の設定方法，共用部分の持分，段階的な開発の仕方，管理費や修繕積立金の設定，その根拠となる修繕計画書，管理規約などの52項目を審査，指導し，その内容を物件ごとにパブリックレポートとして発行する。

3) 2004年5月27日付適用法令（法令第2004-479号）で，購入希望者は売主を通じて（通常，売主費用負担），管理者から情報を得ることが示されている。

4) 2001年5月31日付適用法令（法令第2001-477号）による。

5) 賃貸マンションでは対象となっているが，今後，マンションの賃貸化の進行を考えると，対象内に入れ，耐震化を促進すべきと考える。

6) 一般社団法人マンション管理業協会の調査では，一戸当たり平均200万円，大規模修繕工事費用1回分の約2.3倍である。

7) 居住者と所有者の役割分担の範囲と運営方法は，参考文献7.に具体的に示している。

8) 住戸間の壁の撤去による共用部分，専有部分の床面積の変更があるが，議決権，管理費などの負担割合は当初のままにするなどのルールが必要である。

9) 東京都港区麻布にあるマンションの1住戸がシェアハウスに改造され，管理組合は，2013年8月22日，シェアハウス業者にシェアハウスの使用禁止を求める仮処分を東京地裁に申し立てた。東京地裁は，同年10月24日，当マンションが管理規約で事務所使用を認めていることからシェアハウス使用も認められると決定した。管理組合は東京高裁に即時抗告している。

10) 民間賃貸住宅の場合には戸数が少ないことから一般的に集合住宅指導要綱等の対象外となり，管理に関する規制がほとんどないのが実態である。また，戸数が多く，同指導要綱の対象となっても建設時の条件であった管理員室・管理員の設置等に関しても，その後の管理実態調査が実施されず，管理に関する指導・監督が行われていないのが現状である。

11) 阪神・淡路大震災による被害では，大被害（建物の全体もしくは一部が構造材の破壊を受けたり，明確な傾きをなし，建物の建替えもしくは大規模補強補修を必要とするもの），中被害（構造材以外の壁などの損傷がみられ，大幅な修理が必要なもの），小被害（壁の小さいひび割れや外構，設備の損傷など比較的軽い損傷で修理が必要なもの）の3分類であったが，ここでは図2に準じた分類とし，と

りまとめた（参考文献1.）。

12) これらのマンションでは，修繕か建替えか解体かの方針決定，そのための合意形成にも多くの課題があったが，その手続きにも課題が生じている。解体した後の土地を処分する主体を誰にするべきかなど，解体を進め，解消をする上での実務的な課題が顕在化した。

13) 東北3県，関東1都3県，近畿2府4県の市町村539のうち，耐震診断の助成は戸建て住宅を対象としているのは478市町村，マンションも対象としているのは242市町村，耐震改修工事の助成は戸建て住宅を対象としているのは409市町村，マンションも対象としているのは225市町村で，共に約半数である。

14) シンガポールでは，管理組合は居住用建物の外壁塗装を適正に行う義務があり，10年に1回報告の義務がある。建設省がそれをみて深刻な欠陥があれば詳細調査の命令を出し，その後に修繕命令を出すことが法で位置づけられている。

齊藤 広子Ⓒ

住宅政策と空き家問題

明海大学 不動産学部 講師
周 藤 利 一

1. はじめに

　総務省の「平成20年住宅・土地統計調査」によると，全国で5,758.6万戸の住宅が存在するが，そのうち756万7,900戸が空き家であり，空き家率は13.1％に達する。右肩上がりの時代が過去のものとなった我が国において，増加一辺倒の希少な（？）数値が空き家の数（ストック数および空き家率）である。
　空き家がもたらす問題は，「売りたくても売れない」，「貸したくても借り手がいない」といった空き家の所有者自身が抱える直接的なものにとどまらない。治安の低下や犯罪の発生の誘発，安全性の低下，公衆衛生の低下，景観の悪化，地域イメージの低下等，空き家の周囲，ひいては地域全体に外部不経済をもたらす[1]。
　また，国民の意識という点でも，日頃，身近に感じる土地問題として，空き家，空き地や閉鎖された店舗が目立つことを挙げる割合が約4割に達するほど重要視されていることがわかる[2]。
　このように，空き家がその所有者個人の問題にとどまらず，地域の問題，さらには不動産市場に及ぶ問題である以上，その対応を個人，民間レベルのみに

住宅政策と空き家問題

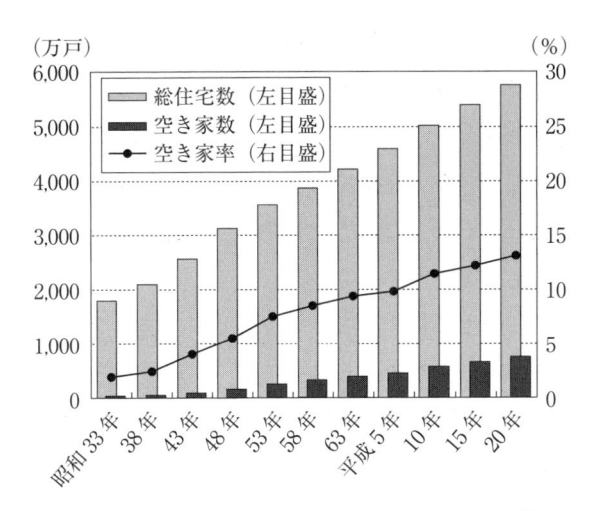

図　総住宅数，空き家数および空き家率の推移
（出典）　総務省「住宅・土地統計調査」，同省HPより

求めることは社会経済的に妥当ではなく，公共政策においてもまた必要な対策が講じられるべきことは当然であろう。

そこで本章では，この空き家の現状と対策を俯瞰した後，今後の政策について考察する。

2. 空き家の現状

(1) 空き家の定義

住宅に関する基本統計である総務省の「住宅・土地統計調査」においては，空き家を，①賃貸用の住宅，売却用の住宅（以下，両者をまとめて①とする），②二次的住宅，③その他の住宅に区分している。

①は，新築・中古を問わず，賃貸または売却のために空き家になっている住

宅であり、調査時点において借家人募集中あるいは分譲中の住宅である。②は、別荘や、普段住んでいる住宅とは別に、残業で遅くなったときに寝泊りするなど、たまに寝泊りする人がいる住宅、すなわち、セカンドハウスをいう。③は、上記以外の人が住んでいない住宅であり、たとえば、転勤・入院等のため居住世帯が長期にわたって不在となっている住宅や、建替え等のために取り壊すことになっている住宅等をいう。

ここで、人の居住の用に供することを目的とする建物でありながら、その機能を果たしていないものを空き家と解すれば、上記のうち①と③がこれに該当する。平たく言えば、「住む人が決まっていない住宅」である。

さらに、①は調査時点においてたまたま借家人募集中あるいは分譲中であったにすぎず、その後ほどなくして入居者が決まったものも存在するはずであると考えれば、③が最狭義あるいは厳格な意味での空き家ということになろう[3]。

(2) 空き家率の都道府県比較

「住宅・土地統計調査」による平成20年10月1日時点の空き家率を都道府県別に見ると、空き家率が高いのは、山梨県の20.2％が最も高く、次いで長野県19.0％、和歌山県17.9％、高知県16.5％、香川県16.0％の順になっている。他方、最も低いのは沖縄県の10.2％、次いで神奈川県10.5％、埼玉県10.6％となっており、総じて大都市圏は低い。

しかしながら、この数字は前述した定義に基づく最広義の空き家率であるから、これをもって直ちに空き家の地域別状況を表現していると解するのはやや短絡的であろう。

そこで、より細かく比較するために、各都道府県における前記①、②、③の構成比を見てみると、最広義の空き家率が1位、2位の山梨県、長野県と平均よりは高い静岡県の場合、②が20％超と全国平均の6％より著しく高いのに対し、①は40％台で全国平均の58％より低く、③も30％前後と全国平均の36％より低い水準にある。地名からわかるように、これらの県は別荘やリゾート物

住宅政策と空き家問題

内訳		戸数	%
① 賃貸用の住宅		4,126,800	54.5
① 売却用の住宅		348,800	4.6
② 二次的住宅		411,200	5.4
③ その他の住宅	一戸建（木　造）	1,729,200	22.8
	一戸建（非木造）	82,700	1.1
	長屋建	133,200	1.8
	共同住宅（木　造）	115,200	1.5
	共同住宅（非木造）	602,800	8.0
	その他	18,000	0.2
	（小　計）	(2,681,100)	(35.4)
合　計		7,567,900	100.0

（資料）　総務省「平成20年住宅・土地統計調査」

件の多い地域であるから，そうした地域特性が空き家率の構成にそのまま表れたといえよう。筆者のいう最狭義の空き家率は，むしろ低い地域であるといえる[4]。

　次に，北海道，宮城県，茨城県，東京都，神奈川県，埼玉県，愛知県，大阪府，福岡県は，①は60％台で全国平均より高いが，②は全国平均よりやや低く，③は山梨県，長野県，静岡県グループよりも低い。ちなみに，これら都道府県以外に③が低いのは，福島県，千葉県，兵庫県しかなく，しかも，この3県は全国平均とそれほど差がない。そうすると，9都道府県グループは空き家事情がそれほど悪くないといえそうである。

　ただし，首都圏の賃貸住宅の空き家率は15％（賃貸アパートに限れば20％）を超え，特に30km圏以遠の地域での増加傾向が顕著である。また，首都圏の賃貸マンション・アパートの空室戸数は3万戸近く，減少の気配が見られない。したがって，首都圏の場合，こうした賃貸住宅市場の動向に留意する必要がある。

　最後に，秋田，三重，滋賀，和歌山，鳥取，岡山，島根，香川，徳島，愛媛，

高知，山口，佐賀，長崎，熊本，宮崎，鹿児島のグループは，①は50％以下と低く，②は全国水準の近辺を示しているのに対し，③が45％以上となっており，空き家事情の厳しい地域であるといえる。

このように空き家率の内容に地域ごとの差異が見られることから，こうした地域特性を踏まえた即地的な空き家対策が必要なことがわかる。

(3) 空き家率の日米比較

前述したように，我が国の平成20年10月1日時点の空き家率は13.1％と過去最高を更新した。この20年間で約2倍に増加したことになる。これに対し，米国における同時期（2008年第4四半期）の所有住宅空き家率は2.9％で，こちらも過去最高となっている[5]。

そこで，米国の数値と比較するため，日本の持家ストック3,037万戸と空き家のうち持家系住宅344万戸を用いて計算すると，日本の持家系空き家率は11.3％ということになる。

この数字は，持家，借家を合わせた全体の空き家率より低いものの，サブプライムローン問題の処理として大量の住宅が売りに出されて，いわば在庫が膨れ上がっていた当時の米国の住宅市場の最悪の状態を考慮すると，日本の現状は米国より著しく酷いといえよう。

このような計算が妥当か否かは別にして，諸外国との比較を行うことは，空き家対策を考える上でも参考に資すると思われる。特に，外国人投資家による不動産投資が今後とも増加していくものと見込まれる中では，少なくともデータの整備と分析，公表は不可欠である。

(4) 適正空き家率

筆者はかつて，円滑な住み替えの実現，住宅市場の持続的発展等の観点から，日本における望ましい空き家率はどの程度であろうかと考えたことがある。在庫理論にいう適正在庫の住宅版である。その際，諸外国の例から見て，15％程

度が上限であろうと直感的に考えたが，現実はそれほど甘いものではない。

　定義の問題はあるが，2008年に13%を超えた日本の空き家率が，今後さらに増加することを疑う者はいないであろう。国土交通省国土政策局の推計によれば，2050年の空き家は少ないケースで約900万戸，多いケースで1,800万戸弱に達するという。

　また，野村総合研究所のシミュレーションによれば，新築住宅着工戸数を2003年実績120万戸弱のペースで続けた場合，2040年の空き家率は43%にも達するという[6]。これは，感覚的には住宅ストックの半分が空き家という状況であるが，はたしてこのような凄まじい状況が到来するのであろうか。

　公共政策として空き家対策を論ずる以上，政策対象範囲の設定，すなわち，どの程度まで空き家を許容するかという議論は避けて通れない。そこで，適正空き家率概念が登場するわけである。

　この場合，筆者がかつて漠然と想定したような大雑把な数値によるのではなく，前述した空き家の定義問題や地域別の事情把握のほか，持家と借家の分別等も考慮したきめ細かな検討に基づく適正空き家率の設定が必要であろう。

3. 空き家対策の現状

3.1 空き家対策の基本的枠組み

　空き家の問題に対する現行の政策としては，大きく次の二つの枠組みが見られる。

　第一は被害対策であり，周辺への外部不経済の予防・除去のため，所有者等に対し空き家の維持管理を働きかけたり，指導を行うものである。

　第二は活用対策であり，空き家を積極的に活用するために，

- 地域交流・活性化，福祉サービス等の場としての活用

第 2 部　都市の空き家を考える

- 空き家に関する情報バンク
- 空き家等を活用した住み替え，定住等への支援

等を行うものである。

これらの具体的な内容については以下に述べる。

3.2　国の制度

(1)　実態把握に関する支援制度

空き家の実態把握（全体像の把握から空き家の所有者の特定まで）に当たっては，「社会資本整備総合交付金」等による予算上の支援が可能であり，具体的には次のメニューがある。

第一に，「住宅地区改良事業等計画基礎調査事業」は，整備プログラム策定と計画基礎調査に分けられる。前者は，住宅市街地の整備・誘導計画の策定およびその策定の基礎として必要となる現況の調査を行うもので，都道府県・市区町村が実施する。国の補助率は 1/2（1,794 千円/ha 以下）である。たとえば，建築行政の適切な実施により所有者等が不良住宅等を除却することで住環境の整備を図ることが合理的であると判断される場合は，必ずしも事業の実施を要しない。また，市区町村全域であっても対象とすることが可能である。

第二に，後述する「空き家再生等推進事業」を実施するに際し，空き家住宅等の所有者が不明な場合，その特定を行うことも可能である。市町村が実施し，国の補助率は 1/2 である。

第三に，「住宅・建築物安全ストック形成事業」で，震災時に建築物の倒壊による道路閉塞が生じる恐れの有無等を判断する際に必要となる現況の調査を行うことができる。都道府県・市区町村が実施し，国の補助率は 1/2 である。

第四に，「効果促進事業提案事業」であり，社会資本整備総合交付金の基幹事業と一体となってその効果を一層高めるために必要な事務・事業である。都道府県・市町村が実施し，国の補助率は 1/2 である。

第五に,「長期優良住宅等推進環境整備事業(空き家等活用推進事業)」であり,地方公共団体を中心とする地域の関係主体が連携して行う,空き家等の再生,流通の促進等に資する地域の体制を整備する事業である。都道府県・市町村が主体となって設立された協議会等の団体が実施し,補助金額は1件当たり200万円である。

(2) 地方公共団体向け空き家調査の手引き

国土交通省が2012年に実施した「空き家の有効活用等の促進に関するアンケート調査」によれば,空き家の実態把握を行っている自治体は22%にすぎない。そこで,同省住宅局は,調査の手順や方法を取りまとめた『地方公共団体向け空き家調査の手引き(ver.1)』を同年6月に作成した。

(3) 空き家再生等推進事業

活用事業タイプと除却事業タイプとがある。

「活用事業タイプ」の対象地域は産炭等地域または過疎地域だが,平成26年度からは全国の区域のうち不良住宅または空き家住宅の計画的な除却を推進すべき区域として地域住宅計画[7]または都市再生整備計画[8]に定められた区域も対象とする。補助対象経費は,空き家住宅・空き建築物を体験宿泊施設,交流施設,体験学習施設創作活動施設文化施設に改修する費用,空き家住宅等の取得費(用地費を除く),移転や増改築等に要する費用,空き家住宅・空き建築物の所有者の特定に要する経費である。補助率は,地方自治体事業の場合,最大で国1/2,地方自治体1/2であり,民間事業の場合,最大で国1/3,地方自治体1/3である。活用事業タイプは,空き家となっている古民家を体験宿泊施設や資料館等に改修して活用したり,空き建築物を交流施設等に改修して活用したりするなど,地域のニーズに応じて活用することが期待されている。なお,活用事業タイプは,住宅だけでなく,空き建築物も対象となっている。

「除却事業タイプ」の対象地域は,全国の区域のうち不良住宅または空き家

第 2 部　都市の空き家を考える

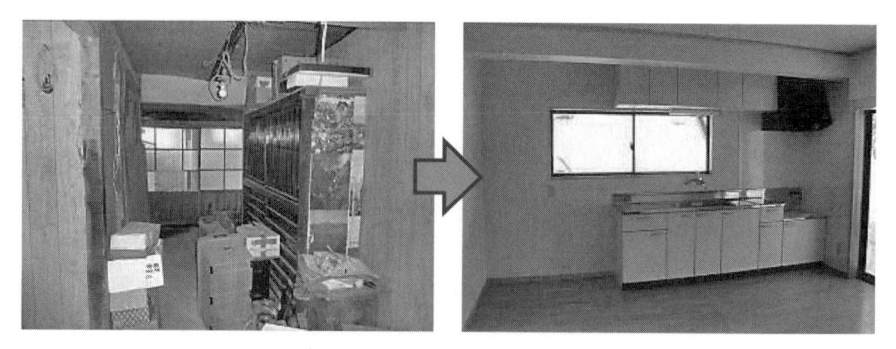

写真 1　空き事務所を研修生の宿泊施設および研修施設に改修した事例

写真 2　個人住宅を改修して交流・展示・観光施設として利用した事例

写真 3　空き家を UI ターン者用定住住宅に改修した事例

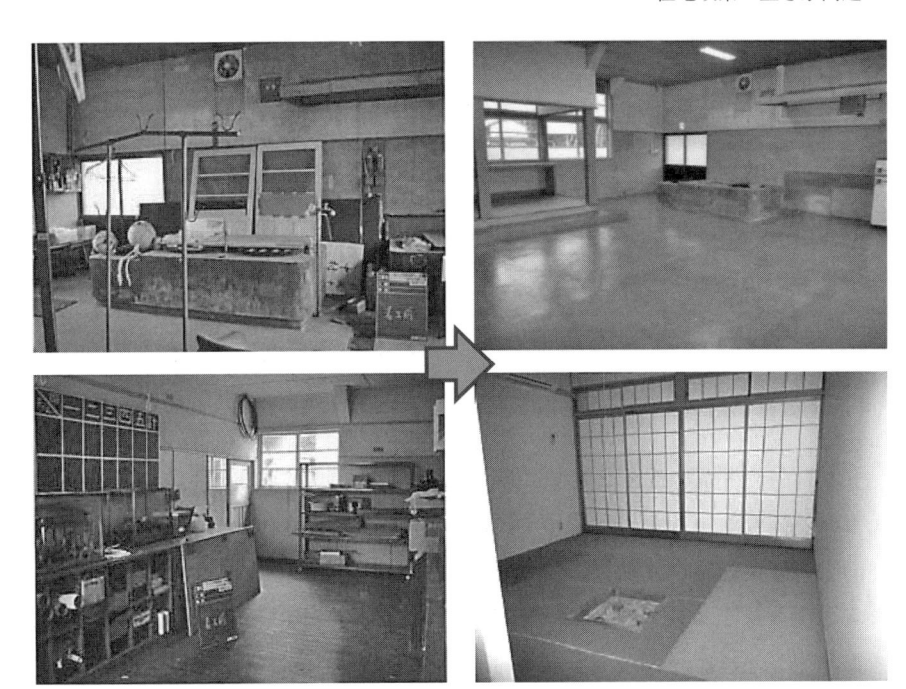

写真4　廃校の小学校を改修してギャラリー・テナント等として利用した事例

写真5　除却事業・空き家を除却してポケットパークを設置した事例

第 2 部　都市の空き家を考える

住宅の計画的な除却を推進すべき区域として地域住宅計画または都市再生整備計画に定められた区域である。補助対象費用は，不良住宅・空き家住宅の除却等に要する費用と，不良住宅・空き家住宅の所有者の特定に要する経費であり，補助率は，地方自治体事業，民間事業いずれも最大で国が 2/5，地方自治体が 2/5 である。除却事業タイプにより，密集市街地において，老朽化して危険な不良住宅や空き家住宅を 1 戸から除却し，ポケットパークを整備したり，狭隘道路においてすれ違いスペースを確保したりすることが期待されている。

(4)　空き家管理等基盤強化推進事業

　これは，空き家の適正な管理，活用または解体に関する全国的な仕組みの構築を図る観点から，地方公共団体を主体とした多様な主体の連携による地域の空き家の適正管理等に関する相談体制を整備する事業を行おうとする者と，空き家の適正な管理を支援する空き家管理ビジネスを育成・普及する事業を行おうとする者に対し，国がその実施に要する費用の一部を補助するものである[9]。

　対象となる事業は，空き家の適正管理等に関する相談体制の整備部門の場合，地域の関係主体が連携して，空き家等の管理，活用（売買，賃貸）および解体に関する相談を受ける体制を整備する事業を対象とする。

　具体的には，以下の[1]から[4]までに掲げる取組みについては，《基幹事業》としてすべて実施することを原則とし，[5]から[8]までに掲げる取組みについては，[1]から[4]までに掲げる取組みの効果を高めるために必要がある場合に《効果促進事業》として実施することが可能である。

《基幹事業》
　　　[1]　相談業務に必要となる基礎情報調査
　　　[2]　相談員の研修・育成
　　　[3]　空き家等の所有者への情報提供に資する資料等の作成
　　　[4]　相談事務の実施
《効果促進事業》

［5］　相談を通じて必要とされる空き家等の診断，調査体制の整備
　［6］　地域における空き家等の実態把握
　［7］　空き家等の所有者以外も対象とした空き家等の適正管理等の一般化・普及・啓発
　［8］　他地域（県内，県外）で相談体制の整備を行っている団体との連絡体制等の構築

　次に，空き家の適正管理等に関連するビジネスの育成・普及部門は，空き家の適正管理等に関連するビジネスを実施する民間事業者や専門家等が連携して行う関連ビジネスの育成・普及に資する取組みを行う事業を対象とする[10]。

　具体的には，以下に掲げる取組みについて，すべて実施することを原則とする。
　［1］　消費者保護を図る取組み
　［2］　業界コンプライアンスの増進を図る取組み
　［3］　空き家管理ビジネスの事業環境整備を図る取組み
　［4］　その他空き家の適正管理等に関連するビジネスの育成・普及に必要と思われる取組み

(5)　効果促進事業・提案事業

　これは，地方公共団体独自の提案による，基幹事業と一体となってその効果を一層高めるために必要な事務・事業に対し交付金を交付する制度であり，ソフト事業も対象とする。ただし，交付金事業者の運営に必要な人件費，賃借料その他の経常的な経費への充当を目的とする事業等は対象外である。基幹事業・関連社会資本整備・効果促進事業を合わせた全体事業費の20％を目途に交付金を算定する。

　効果促進事業・提案事業等による空き家活用の取組み事例としては，島根県松江市での「戸建賃貸住宅改修支援事業」（空き家を賃貸住宅にするための改修費等の助成）がある。

(6) 低所得高齢者住まい・生活支援モデル事業

(1)～(5)の施策は国土交通省の所管であるが，この事業は厚生労働省の対策であり，自立した生活を送ることが困難な低所得・低資産高齢者を対象に，社会福祉法人やNPO法人等が地域支援の拠点となることを通じ，空き家等を利用した低廉な家賃の住まいの確保を支援すること等を目的としている。

事業実施主体は市区町村であるが，社会福祉法人等へ委託して実施する。補助金額は1事業当たり5,106千円（16箇所：定額）で，最長3年間補助を受けることができる。

3.3 地方公共団体の対策

(1) 空き家条例の制定

各地方公共団体においては様々な空き家対策が展開されているが，立法措置としてはいわゆる空き家条例の制定があり，2013年4月1日時点で211の条例が制定されている[11]。条例制定の契機としては，地域住民からの苦情・相談および議会での一般質問等によるものが多い。

初期の条例は，防犯（安全・安心），環境，景観の維持・保全を目的とする条例の中で対象の一つとして空き家を扱っていた。その後，埼玉県所沢市が初めて空き家の適正管理に特化した条例を制定し，2010年10月に施行した。条例施行前に住民からの苦情・相談を受け，市の職員が修繕などの対応を要請し，解決に至ったのは半分以下だったが，条例施行からの1年2ヶ月で105件の苦情・相談があり，62％が解決したという。

こうした所沢市の先進的な取組みを追う形で空き家の適正管理に特化した条例の制定が相次ぎ，2013年4月1日時点でさいたま市を含む85の自治体がこのタイプの条例を制定している。

条例の内容は，空き家の所有者・占有者に対し適正管理を勧告するものが

192, 命令が168, 勧告・命令に従わない場合の氏名等の公表が153と大勢を占めているが, 代執行まで定めているのは91にとどまる[12]。罰則を定めているのはさらに少なく7にすぎない。

以上のように, 空き家条例は基本的にムチを定めているが, 空き家の所有者に対する助成金等の支援も併せて定めているアメとムチの条例もある（東京都足立区, 千葉県柏市など）。

(2) 行政窓口の一本化（ワンストップ化）

空き家対策には庁内の関係部局が連携した多面的な取組みと窓口の一本化が有効である。増加する空き家の問題に対応するためには, 所有者等に空き家の適切な活用・管理を促しつつ, 安全性の確保等を図ることが有効であり, そのためには, 周辺住民からの申立て等を踏まえ, 関係各部局が現状調査, 所有者等への働きかけ, 規制・支援等に連携協力するとともに, 町内会・自治会, NPOなど各主体との協力が重要である。

具体例として次のものがある。

- 長崎市（長崎県）：老朽危険空き家対策事業の対象空き家の選定等に係る「関係課長会議」（都市計画部まちづくり推進室が事業所管）を開催。同会議には, 理財部, 市民生活部, 環境部, 土木部, 都市計画部, 建築部, 消防局の7部局・13課室が参加。

- 所沢市（埼玉県）：「所沢市空き家等の適正管理に関する条例」の制定過程において共同で検討を行った消防本部予防課, 生活環境課, 建築指導課とは, 条例施行後も連携。道路維持課, 資源循環推進課, 高齢者支援課は, 条例制定時は協議体制に入っていなかったが, 条例施行後には連携。危機管理課防犯対策室が空き家の相談に関する総合窓口となっている。

- 足立区（東京都）：「足立区老朽家屋等の適正管理に関する条例」に基づく指導勧告の対応方針等の諮問機関（老朽家屋等審議会）に, 総務部, 総務部法務課, 危機管理室, 都市建築部が参加。都市建設部建築室に建築安全

担当課を設置し，老朽危険家屋の窓口を一本化。

(3) 空き家バンク

空き家バンクは現在も次々と設置されており，全国的な最新の状況を数字で把握することは困難であるが[13]，活動内容は単なる情報の提供にとどまるものから，広島県尾道市のようにNPOが実施する空き家の再生事業とリンクしたものまで幅がある[14]。

(4) 解体・除却

東京都足立区は居住者のいる住宅も含め老朽住宅の解体工事費用の1/2（上限は木造50万円，非木造100万円）の助成を行っている。2012年末時点で助成を受けて解体した件数は15件である。

また，長崎市は斜面地の老朽空き家を公費で解体し，ごみステーションや公園といった公共の場に変える事業を進めている。

(5) NPOとの連携

市町村において，NPO等の民間組織と連携して空き家対策を進めているところもある。連携の契機としては，財政事情等により行政が担えなくなった部分を民間組織と連携することで補うものであり，民間組織の持つ柔軟性や専門性，地域実情への精通性等を活かした，空き家対策の効果的な推進が期待されている。

具体例は次のとおり。
- NPO法人と協働した空き家を活用した移住定住促進（岡山県笠岡市）：笠岡諸島の7島全体を一つの会社組織のように捉え，島民全体で助け合う「NPO法人かさおか島づくり海社」が笠岡市，住民と協働し，空き家を移住定住促進のため活用。
- 中山間地域等空き家流動化推進事業（岡山県）：NPO法人に委託して空き

家調査等を実施し，不動産流通業者の各団体とタイアップした空き家情報流通システムにより空き家取引を推進。
- 津和野町まちなか再生総合事業（島根県津和野町）：町の景観を構成する建物を空き家のままにせず，町の活性化のために有効活用し，町の魅力アップ・産業の活性化・新たな雇用の創出を図る取組み。
- 高齢者街なか居住支援事業（山口県）：街なかの空き家に着目し，高齢者の居住利便性を考慮し，街なか居住支援を行う。空き家調査をNPO法人に委託し，自治会等を巻き込んだ空き家調査により，地域において空き家問題の周知啓発が行われた。

NPOの活用については，空き家問題への取組みを目的として設立されたNPOを活用する類型と，別の目的で設立されたNPOを活用する類型とがある。上記で紹介した事例は前者であるが，後者の成功例としては熊本市内の健軍商店街がある。

熊本県の公営住宅である健軍団地の建替えに合わせて団地の1階に介護事業と配食サービスの施設が合築され，運営管理者として「NPO法人おーさぁ」が入居した。このNPOは団地内の高齢者等に対するサービスの提供のみならず，周辺地域も含めて多様なサービスを提供することとし，団地に近い健軍商店街の空き店舗を利用して，「ふらっと」というカフェ兼手作り雑貨店舗と，「ぐんぐん市場」という弁当・惣菜・パン店舗を開設した。「ふらっと」は子育て中の主婦ボランティア20名が立ち上げたもので，無料託児付講座の開催など子育て支援，就労体験の場の提供など若者サポートステーションの利用者支援，憩いの場の提供・人との交流を通して孤立することを防ぐという高齢者，障がい者への支援を目的としている。「ぐんぐん市場」の特徴は，地域の誰でも，特に高齢者，障がい者，若者が集う共生型店舗であり，住民が営業者となって出店すること，曜日ごとに営業者が変わること，若者サポートステーションの利用者がコミュニケーションや接客を学ぶ就労体験の場となっていることである。

4. 今後の空き家対策のあり方

　以上で見てきた対策は，いずれも対症療法的な対策である。より根本的には，空き家を発生させない予防的な対策が不可欠である。そして，これについては，病気を予防するために薬を飲むのではなく，健康な体づくりのために運動するのと同様の発想が求められる。すなわち，空き家の発生予防に特化した対策というものも想定されるかもしれないが，筆者としては，中心市街地の活性化，都市再生の推進等を通じたコンパクトなまちづくりを効果的に推進することが最大の予防策であると考える。

　また，空き家が発生した場合にも，それが早期に解消されるような仕組みの整備という観点から，現行の対策の拡充が求められる。

　以下では，今後の空き家対策のあり方について私見を述べる。

(1) 空き家のストーリーに即した対策

　空き家の発生原因，そして空き家状態が解消されない原因（持続要因）は，所有者や居住者，その相続人の事情といった個人的要因や地域要因など様々であり，かつ，個々の空き家ごとに異なる。つまり，空き家にはそれぞれのストーリーがあるのである[15]。

　したがって，全国共通の政策手段あるいは単一の手段によっては空き家状態を一挙に解消することは不可能であり，多様な施策メニュー，ツールを用意した上で，個別の実態に即した最適な政策手段の組み合わせを選択して，適期に実施していく体制と取組みが必要である。

(2) コミュニティの文脈に即した対策

　米国では，サブプライムローン問題により大量の空き家が発生したことから，連邦政府の空き家対策は，いかに早期に売却するかという金融面に重点を置い

たものになっているが，これに対し住宅の商品性に偏重しすぎており，コミュニティの再生の観点からの対策が必要であるとの民間団体の批判がある[16]。こうした見方は，わが国にも通じると考える。

確かに，住宅は個人の資産であり，空き家をどのように活用するかは（何もせず放棄することも含めて）基本的に所有者自身の意思決定に委ねられている。しかしながら，住宅は単独で機能を完全に発揮することはできず，その立地するコミュニティにおいて，コミュニティとの係わりの中で住まいとしての機能を十全に発揮することができるものである。それゆえ，空き家対策を講じるにあたってもコミュニティの文脈でとらえるべきであり，コミュニティの維持・活性化・再生の中で空き家の活用・再生を位置付けていく対策が必要である。

後述するように，各地で進められている空き家対策事業には，私的財を公共・公益財に変えたり，居住機能を他の機能に転換したりするというものが見られるが，これは，住宅を個人の資産としてのみとらえるのではなく，コミュニティの資産あるいは資源として活用するものであると理解することができる[17]。こうした取組みをより一層促進すべきである。

具体的には，次のような取組みが挙げられる。

- コミュニティカフェ（空き民家の再利用）
  地域の居場所として誰もが立ち寄れ，地域住民同士が飲食等を共にしながら交流できる場所として空き家を活用するものである。
- コミュニティモール（シャッター店舗の店舗と住居分離支援による店舗再生）
  多様なサービスの提供による生活利便性の向上と，選択肢の複数化による外出機会の創出を図るとともに，就労支援や生活サポートの拠点となり，情報交換や相談の場として見守りにもつながる場所として空き家を活用するものである。
- コミュニティステーション（老人福祉センター，児童館，コミュニティセンター，勤労福祉会館などの縦割り利用施設の見直しによる複合福祉サービス拠点への再生）

様々な遊ぶ施設，お風呂（見守り付き）などの利用を通じ世代間交流ができる複合施設として空き家を活用するものである。

(3) 市場外空き家と市場内空き家

筆者の造語であるが，市場外空き家と市場内空き家に分けて考える必要がある。

「市場外空き家」とは，使用可能な状態にありながら，現実には居住に供される見込みのない住宅であり，人口の都市流出に悩む地方圏を中心に増加してきている。高齢者比率が過半数を占めるいわゆる"限界集落"が増加しているので，居住が放棄され，既存住宅として流通市場に出ることのない市場外空き家は，今後一層増えるだろう。

ここで注目すべきは，"限界集落"は都市内にも存在するということである。大都市の大規模団地での高齢化比率は全国平均以上のスピードで高まっている。その結果生じる空き家の中には売却や賃貸に回されるものもあるが，そうでないものは市場外空き家にならざるを得ない。こうした市場外空き家をいかに市場に復帰させるかがポイントとなるが，一案として，コミュニティビジネス，スモールビジネスとしての空き家活用が考えられる。北九州市では，商店街の裏通りの一軒家をイベント用の貸家として活用しているのがその好例である。また，中山間地域での事例としては，徳島県上勝町がブロードバンドを活用して，東京のIT企業のサテライト・オフィスの誘致に成功している。この事例に触発されて，各地で空き家を改装して，社員のオフィス兼宿舎に活用する取組みが増えている。このように，市場外空き家を市場の力を活用して復帰させる，あるいは新たな商品性を付与して市場に復帰させる対策が求められる。

次に「市場内空き家」については，第一に，借家に着目すべきである。持家については，長期的には供給調整や借家への転換により一定水準に抑えることが可能であると言える。しかし，借家は一般に賃貸用に供給されたものであり，需給ギャップを容易に解消できない性質のものである。特に，住宅市場は沿線

別など地域的に分断（セグメント化）されているという特徴がある。比較的流動性の高い若年層はともかく，教育問題を抱える子育て世帯や近隣との付き合いを重視する高齢者世帯は住み替えをする場合でも，従前地からそれほど離れることはないのが経験則である。さらに，住宅そのものに対する要求だけでなく，周辺環境，利便性なども含めた住サービスに対するニーズがますます多様化・高度化している現状では，住宅需給のミスマッチは需要のある場所で供給する以外には解消できないだろう。そうすると，需要に対応できない借家は取り残されるほかはない。事実，空き家全体のうち借家は 54.1％も占めているのである。

　第二に，マンション空き家の増加が憂慮される。過去の建替え実績などを踏まえると，建替え時期が到来したものの，さまざまな事情から建替え事業が円滑に進まないマンションは今後とも増加すると見ざるをえない。我慢して住み続ける人もいるだろうが，他所に転居してそのまま空き家になるストックも相当程度出て来るだろう。マンションの空き家問題については，本書の齊藤論文や大木論文に詳しいのでそちらに譲るとして，マンションの建替えの円滑化等に関する法律の改正による敷地売却制度の導入など[18]，マンションの適正な管理のための法制度の整備や区分所有者・管理組合の活動の充実が空き家対策としても有効であることを指摘しておきたい。

　在庫理論にいう有効在庫等の概念も借用しつつ，以上のような空き家の質に着目した検討も対策の前提となろう。

(4) パラダイムシフトによる空き家対策

　一世帯一住宅を基本に考えれば，世帯数を 13％以上も上回る空き家に対し，通常の世帯が通常の居住目的で使用することにより解消しようとするのが不可能であることは明らかである。したがって，いわば通常の住宅としての使用形態以外の方法を模索するというパラダイムシフトが必要になる。とりあえず思いつくのは，都市部に自宅を持つ者が地方部に趣味の生活を過ごすための第二

の自宅を構えるという，二地域居住による一世帯二住宅の促進であるが，さらに一歩進めて，非住宅としての使用も含めた幅広い空き家の活用を考えていくべきである。

　既に，市民団体が子育て施設や介護施設として再生する取組みも各地で始まっている[19]。このほかグループホームやベンチャービジネスにも活用する方法もあろう[20]。

　個人資産としての住宅を所有者自身がいかに活用するか，住宅を住まいとしていかに活用するかといった本来的な発想が肝要であることは論を俟たないが，各地で進められている事業には，私的財を公共・公益財に変えたり，居住機能を他の機能に転換したりするという発想の転換が見られる。

　やや大げさに言えば，空き家を「資産」として市場に復帰させる取組みに加え，地域の「資源」として新たな活用を考えるというパラダイムシフトもまた必要であろう。

　具体的には，第一に，信託の手法を積極的に活用すべきである。信託業法の改正により信託銀行以外の者も受託者になることができる途が開かれているのは周知のとおりであり，まちづくり分野においては不動産管理信託による京町家の保全・再生事業のような先進的な取組みが見られるところである。こうした手法を空き家にも適用し，空き家を活用するノウハウを持たなかったり，意欲のない所有者や，意欲はあっても遠方に居住する等のやむを得ない理由により活用できない所有者に代わって，営利または非営利の主体が受託者として空き家の管理（解体，処分も含む）を行うことは有用な手法である。特に，コミュニティの再生に資するような公益性のある空き家信託に対しては，公的支援を充実させるべきと考える。

　第二に，現行の空き家対策は所有者の意思をベースにした任意の施策が主流であり，条例のところで見たように，強制的な手法はわずかである[21]。住宅が個人資産であることから，当然の状況であるとは言えるが，政策の実効性を高めるためのメニューの多様化という観点から，行政が積極的に関与する手法

を増やしても良いのではないだろうか。

　たとえば，英国では，所有者の同意を得た上で地方住宅庁が空き家の賃貸借を行う任意型の仕組みと，地方住宅庁が強制的に空き家を買収する権限（compulsory purchase）を有する強制型の仕組みの中間型として，地方住宅庁が空き家管理命令（Empty Dwellings Management Orders）を発出し，所有者がこれに従わない場合には，所有者に代わって改修を行い，需要者に賃貸して賃料により改修費用を回収する仕組みが近年導入されている[22]。資産としての有効利用を図るという意味では信託の発想に含まれるとも言えるが，それを合意による任意の仕組みとして行わず，行政作用により実現する点がパラダイムシフトであると評価できる。こうした仕組みを日本にも導入することを検討すべきである[23]。

(5) 複眼的視点の対策

　空き家の発生原因・問題状況が複雑・多様なだけに，対策も共通・一律の手法では限界があることは前述したとおりであり，即地的・即人的対応が必要である。

　たとえば，熊本県の健軍商店街の事例が高齢者福祉・子育て支援・若年者雇用を組み合わせることにより成功したように，手法においても主体においてもハイブリッドな取組みが必要である[24]。

　また，接道状況が劣悪な空き家は，合築・減築など周囲と一体的に考えることも必要である。

　こうした複眼的な視点が対策の樹立にあたって求められると考える。

〈参考文献〉
一般財団法人地域活性化センター「『空き家バンク』を活用した移住・交流促進」調査研究報告書
国土交通政策研究所「減築による地域性を継承した住宅・住環境の整備に関する研

究」

Center for Community Progress, 'Restoring Properties, Rebuilding Communities'
三吉卓也「イギリスの Empty Dwellings Management Orders（EDMO）空家管理命令について」『国土交通政策研究所報』42 号，44 号
小柳春一郎「フランスの空き家対策と保安上危険建築物対策」『月刊住宅着工統計』2012 年 3 月号
日本住宅協会『住宅』2013 年 1 月号「特集・自治体による空き家対策」
北村喜宣「自治体条例による空き家対策をめぐるいくつかの論点」『都市問題』104.4
かながわ政策法務研究会「空き家条例＋自治体間損害賠償請求事件〈自治体政策法務の最先端 49〉」『地方自治職員研修』45.12

1）　国土交通省「外部不経済をもたらす土地利用状況の実態（平成 22 年）」
2）　国土交通省「土地問題に関する国民の意識調査（平成 22 年）」
3）　ただし，分譲中の住宅は途中で賃貸に転換して入居させることがしばしば行われるので，ここでいう空き家の定義からはずれる出口戦略があると言える。これに対して，賃貸住宅の中には長期間入居者募集中のものもあり，しかも，近年その数が増加しているとされる。したがって，分譲中と賃貸募集中とを分けて考える必要がある。
4）　①の数値が低いことの要因としては，住宅市場が基調として活発であり，供給に対して需要が早く反応しているため，在庫水準が低い場合と，世帯分離や社会増による需要が小さいため，新規供給もそれほど行われず，市場に滞留する在庫も低い水準にとどまっているという，住宅市場が不活発な場合とがある。しかも，持家系（分譲）と借家系（賃貸）でそれぞれの市場の構造も状況も異なるので，数値の意味を理解することはさらに複雑になる。これら 3 県では住宅需要が相対的に小さく，流通量が安定していることが，こうした数値になって表れたと解するのが妥当であろう。
5）　米国商務省統計
6）　上村哲士・宇都正哲「人口減少時代の住宅・土地利用・社会資本管理の問題とその解決に向けて（中）」『知的資産創造』2009 年 9 月号。なお，2003 年実績の半

分のペースでも，2040 年の空き家率は 26% に達するという．

7) 地域住宅特別措置法に規定する地域住宅計画

8) 都市再生特別措置法に規定する都市再生整備計画

9) 一般公募により決定した一般社団法人すまいづくりまちづくりセンター連合会と協力して実施される．

10) 空き家管理ビジネスに携わっている者が既に行っている空き家管理ビジネスの実施に対して補助するものではない．

11) 国土交通省住宅局・一般社団法人すまいづくりまちづくりセンター連合会「3. 条例による規制等の取り組み」

http://www.sumikae-nichiikikyoju.net/akiya/pdf/ top_02chihoutorikumi_03_20130508.pdf

12) 2013 年 1 月 1 日時点で条例総数 138 に対し代執行を定めているのが 36 であったところ，同年 4 月 1 日時点では条例総数 211 に対し代執行を定めているのが 91 まで急増しており，所沢市の条例の波及効果の大きさがわかる．

13) 平成 22 年 3 月の公表資料であるが，全国の状況を調査したものとして一般財団法人地域活性化センター「『空き家バンク』を活用した移住・交流促進」調査研究報告書

http://www.chiiki-dukuri-hyakka.or.jp/7_consult/kenkyu/docu/21_akiyabank.pdf

14) NPO 法人尾道空き家再生プロジェクト

http://www.onomichisaisei.com/gallery.php

15) 空き家状態の持続要因として，空き家を解体して更地にすると固定資産税・都市計画税の軽減特例を受けられなくなるため，所有者があえて空き家状態にしているとの指摘がある．税制上の論点については，本書の瀬下論文に譲るが，一点だけ指摘しておくと，この軽減特例は居住負担の軽減の観点から設けられているものであるから，居住者のいない家屋にも適用すべき政策上の理由は存しない．富山県立山町等，既に一部の自治体で空き家に対する課税を見直す取組みがなされているが，正しい方向であり，全国的に同様の取組みが必要であると考える．富山県立山町の課税措置の内容については，同町の HP を参照．

http://www.town.tateyama.toyama.jp/pub/guide/svGuideDtl.aspx?servno=2801

16) Center for Community Progress, 'Restoring Properties, Rebuilding Communities'

17) 愛媛県新居浜市では，中学校の前の生い茂る草木と不法投棄の空き家の地権者，借地人に対し，まちづくり協議会が粘り強く働きかけて承諾を得て，学校，地域企業とともに敷地内の草刈り，ごみ処理，空き家への侵入防止措置等を行った。＝「マイナスをゼロにする取り組み」さらに，中学校に呼びかけて，空き家の壁面にアートを施し，敷地内に花壇を作った。＝「マイナスをプラスにする取り組み」

18) この改正法については，「マンションの建替えの円滑化等に関する法律の一部を改正する法律」として平成26年6月18日に成立し，同年12月をめどに施行されることとなっている。

19) たとえば，前述した尾道空き家プロジェクトがある。
http://www.hc-zaidan.or.jp/publish/josei2008/16-08.pdf#search

20) 日本建築学会編『空き家・空きビルの福祉転用』学芸出版社，2012年は，戸建て住宅，共同住宅，宿泊系施設，文教系施設，店舗，事務所・工場・倉庫の類型別に，グループホーム，小規模多機能拠点，高齢者デイサービス施設，保育施設，地域包括支援センターなど多様な転用事例を改修前後の平面図付きで紹介している。

21) 空き家を行政代執行により撤去した事例は，これまで平成24年の秋田県大仙市の事例にとどまる。一般財団法人地域活性化センター『月刊地域づくり』平成25年2月号参照。

22) 英国の対策の詳細については，前掲の参考文献の三吉論文を参照。

23) フランスでは，①空き家税：人口20万人以上で住宅不足の市町村において課税，②明白放棄財産制度：市町村長が所有者に対し放棄状態の停止を命令し，反応がなければ，収用の手続きで空き家を取得する制度，③無主財産制度：相続人が現れない空き家や3年以上土地税が納付されていない空き家の所有権は補償なしで市町村に帰属する制度があり，これらも参考にすべきと考える。詳細は前掲の参考文献の小柳論文を参照。

24) NPO法人おーさぁによる取組みである。詳細は同法人のHPを参照されたい。
http://www.kengun.net/osa/panfu/

周藤 利一ⓒ

空き家問題と地域・都市政策

大成建設株式会社 建築本部 理事
（元・東京都 都市整備局 部長）
山 口 幹 幸

1. 増え続ける空き家

　最近では，損傷が著しく周辺家屋等に危害を及ぼす恐れのある老朽空き家を，自治体が自ら除却に踏み切るケースが増えてきた。なかば放置された空き家は，周辺住民の日常生活に不安を与えるほか，近隣の人の触れ合いを希薄化し地域の賑わいを消失させる原因ともなる。マスコミ報道で，空き家から病死等による高齢者の孤独死が発見されるという不気味で悲惨な例も聞かされる。様々な点で外部不経済を生じる存在となっている。

　空き家状態になるのは，一人住まいの高齢者の病院や福祉施設への入所とか，仕事などの事情で他に移転するケースが背景にある。また，遺産相続が未だ行われていないことや，実家を手放したくない思いから財産処分ができない場合もあるかもしれない。さらには，多額な建物解体費や更地後の固定資産評価額の上昇を危惧して，除却に踏み切れないこともあろう。いずれにせよ，家庭事情その他，様々な個人的な理由が起因している。

　都市においては，こうした空き家が増加の一途を辿っており，本格的な人口減少社会や超高齢化社会への移行にともない，さらに拍車がかかっていくこと

が懸念されている。

2. 空き家問題とは

　空き家問題は，極めて地域性の高い課題と捉えられてきたが，今や社会状況の変化の中で全国的，都市的な社会問題になりつつある。個人の私有財産であることから，民民の関係では解決が難しい性格のものであり，かといって，行政も民事不介入の原則とか，財産権の制約もあって積極的な対応がとり難い問題である。

　身の回りで空き家が発生していくのを地域衰退の一つの現れとみれば，住宅やコミュニティ，高齢者の福祉や医療など，これからの地域や都市のあり様への問題提起と捉えねばならない。空き家問題は，単体の建物から生じたものだが，社会動向等と相まって都市レベルにまで広がってしまう危険性を秘めている。

　この意味で，緊急的な老朽空き家の除却は，空き家問題を解決する必要条件といえるが，十分条件とはならない。この対応には，空き家を招いた根因を把握し，問題の本質をとらえた的確な予防措置と地域の将来像を見据えた計画的取組みが必要と考える。

3. 空き家対策の現状と課題

(1) 先行する自治体条例の動き

　これまでも空き家についての相談や苦情は多く，その撤去等は行政を悩ませてきた問題である。この2～3年，自治体が，所有者の適正管理を求めて条例

空き家問題と地域・都市政策

写真1　危険な老朽家屋（東京都足立区）

を制定しているケースが多くみられる。平成25年1月の国の調査では138の地方自治体で対応していたが，平成26年4月には355と急激に増えてきている。条例の施行時期についてみると，平成21年以前のものでは，「ニセコ町景観条例」（平成16年）のように，環境・防犯・景観関連の条例の一部として空き家を扱うものが多かった。その後，所沢市の「所沢市空き家等の適正管理に関する条例」（平成22年）のように，空き家問題に特化した条例が生まれたことを契機に，平成23年以降は同様の条例が相次いで制定されている。

　自治体は，憲法の定めにより自主立法権が尊重されており，自治事務につい

213

ては条例を制定できる。しかし，条例による規制の合理性や法律の抵触など私人の権利・自由の制限や財産権制約の関係から，条例で規定する範囲や罰則などに苦慮している。

その結果，建物の除却を促し撤去する手立てとして，秋田市のように行政代執行にまでふみ込む自治体もあれば，東京都足立区にみられる所有者の自発的撤去を促す助成措置（老朽危険家屋を対象），新潟市のように対象建物を認定して固定資産税の軽減措置を解除する方策など，自治体間で規定する内容にバラツキが生じている。費用対効果や地域の特性，モラールハザードをふまえた上での判断とはいえ，地域による条例内容の平等性も気にかかる。

条例制定などの空き家対策に取り組んでいる自治体は，全国約1,800の市町村の数からみればわずか数パーセントにすぎないが，すでに全国的な広がりがみられ，今後，さらに問題が深刻化していく状況を考えれば，各自治体が共有できる法律の制定は待ったなしの状況にある。

しかし，空き家問題は，豪雪地帯，中心市街地の活性化が深刻な地域，工場移転で人口が著しく減少している場合など，地域によって実情や様相が異なる。また，法律の制定が，かえって事務を煩瑣にし，自治体の主体性を奪うことになってはならない。自治体が，迅速かつ的確な対応が図られるよう，条例との関係に留意する必要がある。

(2) 長期空き家と除却後の空き地

次に，長期に利用されない空き家，老朽空き家除却後の空き地が放置される状況を防がねばならない。不安材料となる空き家や殺風景な空閑地の存在は，地域における健全な生活環境を阻害する。現状では老朽危険空き家の除却が焦眉の急で行政施策の中心とならざるを得ないことから，自治体の対策は，建物等の適正管理や活用にまでは，手が回らないのが実情であろう。

だが，所有者の空き家や空き地の活用の理解を高めるほか，除却を跡地活用と一体的に進める方策，様々な主体の参加と連携による多様な活用策を考えな

ければならない。人口の回復や中心市街地の活性化などで地域によって温度差はあるが，自治体による利活用の取組みもみられる。たとえば，長崎市での，老朽空き家の跡地を市に寄贈することを条件に，市が自ら建物を解体し，跡地に広場など必要な地区施設等を整備する方策，東京都足立区での，除却後，収益向上のためにコインパーキングとしての跡地利用を所有者に提案するなどのきめ細かな対応もみられる。地元の空き家情報等をインターネットで公開し入居者等を呼び込むという自治体の空き家バンクの開設も多い。自治体以外でも，空き家をリフォームして貸し出したり，空き家の維持管理に着目した建物の窓開けや庭の草とり，害虫駆除などの民間ビジネスも生まれている。

　しかし，空き家の実態を十分把握できていないことや，賃貸等に応じない所有者もいて登録件数が全体的に少ないこと，実績を上げるには人手をかけたきめ細かい取組みが欠かせないことなど，空き家バンクは，概して大きな進展がないのが実情である。空き家の活用や管理の適正化を広範に進めるには，法の規定や関連施策により，所有者の意向やニーズに応じて，安心して民間に管理を委ねたり，希望する入居者に貸し出しできる環境を整える必要がある。

(3)　地域の生活環境を制御できない現状

　さらに，様々な外部不経済の源となる空き家問題を，その地域において解決する手立てを欠いていることも課題となろう。つまり，地域の生活環境を維持，保全，創造するマネジメント機能がないのである。

　空き家の存在は住環境のほか，周辺の不動産価値にも影響を与える。様々な外部不経済を被る周囲の者には他人事として片づけられない重大な問題である。一方，空き家に至った原因には福祉との関連性も深く，真の問題解決には人の互助や共助が不可欠であり，身近な存在である地域の支援を必要とする面もある。いうまでもなく，地域内の居住者や不動産の間には，利害が対立する面もあるが，利害を共有する相互依存の関係にもある。地域の様々な問題は，自らの問題と認識し，互いに話し合って解決することが望ましい。それ故に，

そこに住む人々による地域マネジメントの重要性がある。

(4) 抑制できない空き家等の所有権

　ところが、我が国では私有財産における所有権が強く、所有者の意向、理解や承諾が絶対的なものとなっている。反面、公益という概念があまりにも狭く、限定的に解されている感がある。周囲に与える外部不経済との関係では、利害関係に立つ双方の権利の均衡が保たれていないといえよう。結果として、所有者等の恣意的な振る舞いが許されてしまう限り、公共の誘導方策だけでは地域問題の解決には限界がある。したがって、空き家問題は、その周囲の環境保護等という公益の観点から、空き家およびその敷地を使用収益する権利に関しては一定の歯止めを必要としよう。

　秩序ある生活環境を確保することを目的とした地域マネジメントを進めるため、地域のコミュニティと環境の両面から法によるルールを設け、地域内の個人の自由や財産権を必要な範囲で制約することには十分な合理性があるといえる。

　今後の社会では、自治体の厳しい財政を考えると、公共サービスに多くを期待できない状況にあり、それぞれの地域の自律性が求められる時代にある。この観点からも、各地域でのマネジメント機能を強化することが欠かせない。現在、これが実践されているのは、高い志をもった住民の自発的意思による場合や民間事業者等による開発計画地で、住民間で協定を締結した一部の事例に限られる（**写真2，写真3**）。

　古くからの慣習でコミュニティが根付いている農山村とは異なり、都市においてはコミュニティが形成され難い。これまでも、住民参加や協働のさまざまな仕組みが実践されてきたが、地域に根付き十分機能しているとは思えない。既存自治会の加入率の低下や役員の後継者不足に悩まされるなか、今後、どのように地域をまとめ、身の回りの生活環境をマネジメントできるかが問われている。

空き家問題と地域・都市政策

写真2　エディズタウン（東京都狛江市）　　写真3　羽根木の森（東京都世田谷区）

4. 空き家問題への新たな対応

4.1　空き家対策法の制定

　空き家対策を確かなものとするには，建物自体の対策のほか，所有者等が遵守すべき内容を実効性のある法で定めることが大切である。

　現在，国会では，全国の自治体が難航している空き家対策の実態をふまえ，法律を制定する動きがみられる。また，都道府県レベルでも埼玉県のように，県内各市の空き家対策を促すために「モデル条例」を制定する動きもある。国等の動向は，災害危険性の高い老朽住宅の除却を容易にする意味で重要だが，これだけでは先述のように根本的な問題解決には至らない。

(1)　広義の空き家対策を視野に

　もう一歩進めて，問題空き家の対象をさらに広げ，空き家のもたらす外部不経済を解消できるような措置を講じることである。

　除却対象となる空き家は全体からみるとほんの一部であり，むしろ放置しておくと管理不全状態に陥る恐れのある空き家は相当数に上るものと推察される。これら空き家が所有者の都合で勝手に放置されないように，適正管理の観

217

点でメスを入れなければならない。

　検討対象とすべき空き家は，社会通念から考えて，概ね1年以上にわたって居住者不在のまま適正に維持管理されていないものであろう。この空き家について，物理的な外的要因だけでなく，空き家に至った経緯や居住継続の意向など斟酌すべき事情をふまえ，どのようなケースで，どう対応すべきかの客観的な判断基準を明らかにして，所有者等に課す義務や罰則，行政の関与などについて法定化することである。

(2)　居住継続の意思を重視

　留意すべきは，所有者等の居所を確かめて不在の期間や居住継続の意向など，本人の意思を確認することである。居住の自由との関係からも個人の居住継続の意思は最大限尊重されるべきだが，住民票の在籍や住民税・固定資産税の滞納の有無など，実態を含めて客観的に判断する必要もある。明らかに地域に帰属する意思もなく住民であることに適格性を欠く所有者等は，一般常識からも居住権を主張する合理性がないと考えられよう。

　法を制定するのは，所有者等に適正管理を義務付けて遵守させるほか，問題空き家への行政の立ち入りや現地実態調査，所有者確認等を円滑に進められることである。この意味で，単に理念や精神規定のように抽象的なものではなく，実効性が得られる内容としなければならない。行政に民事不介入の原則があるならば，逆に，介入しなくてもよい厳格なルールを設ける必要もある。

(3)　様々な空き家の類型に対応

　空き家には様々なケースが存在する。たとえば，「所有者が不明で適正な管理状態にないもの」，「所有者の帰宅意向もなく適正な管理状態にないもの」，「所有者の帰宅意向はあるが適正な管理状態にないもの」などは典型的なケースである。所有者不明で確認できない場合は，法の規定によって様々な実態調査が可能となるが，問題は，将来にわたって自家所有の建物に居住する意思を欠く

もの，帰宅意向はあるものの既存建物が適正な管理状態にない場合である。

空き家の無人状態を回避するために居住継続の意思のない者には，課税の緩和特例を非適用とすると同時に，所有者等に空き家とその敷地の利活用を義務付ける。空き家等の貸借および売却に際しては，人口の回復や広場等地区施設の整備が可能となるよう，行政の優先的な借上げ，買取りによる利活用，行政を介した斡旋や管理代行ができることが大切である。将来居住継続の意思があっても不在期間が長期に及ぶ場合には，一定期間の貸借を条件に課税緩和ができる仕組みも重要となる。様々なケースに応じて，実効性のある取組みを要する。所有者等の義務，不履行の場合の措置，行政関与などについて，モラールハザードにも留意して，法の制度設計がなされることが望まれる。

なお，空き家問題の地域性をふまえて，国の定める法律は基本的事項や判断基準の考え方等を規定し，条例では，自治体の裁量で地域の実情に合った行政運営が可能な定めができるよう，法令の規律密度に留意する必要もある。

4.2　地域の自律性の向上

もう一つは，地域の自律性を高めるために必要な措置を講じることである。空き家問題には，先述の空き家そのものと所有者等への対策のほか，それぞれの地域が，問題解決能力を備えて自律する対策が欠かせない。住民の一体感と互助・共助に支えられ，住民自らが生活環境を維持・創造できる地域のマネジメント機能がなければならない。

地域において生じる課題への諸々の活動は，日々顔を合わせる人たちが課題を共有し，話し合い，自律的に解決できる仕組みが重要といえる。それには，一定の生活圏域で住民を組織化することや，地域のあるべき土地利用の方向を都市計画で規律化すること，様々な住民の要望が地域の自治組織を介して実現できる状況を創ることである。

特に，高齢化の進展とその備えが叫ばれる今日の社会では，加齢に伴い介護や医療が必要な状況になっても高齢者が安心して自宅で住み続けられる住宅，

福祉，医療が統合したシステムを地域社会のなかで築くことが肝要となる。これは，地域における住民一人ひとりが，目標を共有して協力し合わなければ実現できない性格のものである。

(1) 地域住民自治とマネジメント

このためには，地域における住民自治の推進，マネジメントの基本となる立法措置，行政各部門の施策総合化の，三位一体の取組みが大切となる。

住民自治の推進においては，自治基本条例の制定による地域自治区などの考えも打ち出されてきたが，大きな効果はみられない。既存自治会機能の低下や人口減少などからコミュニティは衰退の一途をたどり，地域のまとまりが低下するにつれて行政との関係も薄れがちになっている。では，住民個人と行政との距離感が縮まったのかといえば，そうとも思えない。昨今，多くの自治体でまちづくり条例がつくられ，住民がまちづくり行政に直接関与できる仕組みがしっかりと整えられてきたが，実際，住民からの関心は低く，まちづくりへの参加や協働への積極的な動きはみられない。こうした状況を招いているのも，先述の三位一体の取組みが行われていないことに原因があるように思う。

空き家問題は，個別の空き家そのものについてだけでなく，コミュニティや空き家除却後の土地利用といったハード・ソフト両面に関わる問題である。

地域をマネジメントするには，「住む人」に着目した対策も必要である。住民が遵守すべき住まい方のルールを社会的規範として法に定めること，空き家への対策も含めて地域管理という視点で，住まい方に起因する様々な課題に対処することである。地域ルールは，地域に対する監視の目を強めることになり，自治を活性化する誘引ともなる。

しかし，今さら住まい方を法に定めることには疑義もあろう。地域マネジメントは建築協定や景観協定などの形で，住民合意のあるところで実施すればよいとの考えもある。

だが，わが国の歴史を振り返ってみれば，世間に対して体面・体裁をつくろ

い，恥ずかしくない行動をとろうとする規範意識である「世間体」がおもんばかれてきた。豊かな社会への移り変わりのなかで，個人の自由に重きが置かれすぎ，我々は世間体のもつ社会的規範意識を見失ってきたのではないか。

空き家の発生も，こうした社会の変容の一つの現れともいえよう。かつての社会では，個人の生活は地域とともに存在し，それぞれの慣習のなかで培われてきた。法によるルールはあえて必要としなかったのである。このことは，今日，様々な法が存在するなかで，「住まい法」や「住居法」の存在しないことの理由でもあろう。

(2) 行政施策の総合化

地域の人口・世帯数・面積規模，コミュニティなどから，住民自治の拠り所として自治会や町会等が存在している。この区割りを意識して行政の各施策は立案され，たとえば，地域福祉計画に基づき福祉施設の配置等を定める計画領域の「福祉圏域」や，地域まちづくりの都市計画ルールを定める「地区計画区域」などがある。

行政施策はその目的や領域設定の考え方は異なっても，いずれも地域課題を解決する計画領域を示していることに変わりはない。だが，縦割り行政の弊害もあって，それぞれが他の施策とは無関係につくられ，所管によってバラバラに進められている感がある。これは，計画が行政側の事情でつくられ，サービスを受ける住民目線に立っていないからである。この結果，住民は自らの生活圏における行政施策の全体像が掴めず，結果として，生活に直結したり利害がなければ，興味も湧かない関心の薄いものになってしまう。生活圏にどのような生活関連インフラを整備するかという観点で計画するのが望ましく，行政の進め方に大きな問題があるといえる。

たとえば，東京都目黒区では，「生活圏域整備計画」を昭和59年に策定しているが，この考え方は，今なお継承されている。日常の生活圏域の考え方に基づいて，区・地区・住区等に分類して自治区域を設定し，区が整備すべき施設

第 2 部　都市の空き家を考える

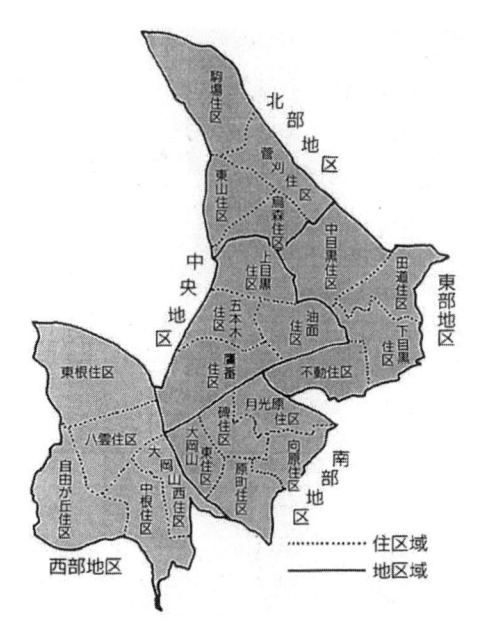

図 1　住区・地区区域図（東京都目黒区）
（出典）目黒区生活圏域整備計画

等の最低基準（コミュニティミニマム）を定めている。この生活圏域とは，生活行動に応じた地域の広がりを意味している。ここでは，地域のなかで，お互いに助け合い協力し合う人間関係に支えられ，生活の必要を満たし，安全で健康，快適で便利な生活を営める環境を形成するとしている。

　この考えによれば，小学校児童の生活領域に相当し，近隣社会としてまとまりをもつことのできる複数町会からなる圏域を第一次生活圏とし，「住区」と称している。また，大人の徒歩による生活領域に相当する買い物など一般的な日常生活を充足できる圏域を第二次生活圏とし，「地区」と称している。そのもとで，区内を 5 地区，22 住区に分割している。なお，生活圏域の考え方等については，都市計画審議会に諮問し答申を受けて設定したものであり，ここに都市計画との関連性をもたせている（図 1）。

　生活圏域に対する捉え方は，策定した当時の高度成長期のように，都市に多

くの若い世代が住まう時代と，今日のように，小中学校が統廃合され，4人に1人が高齢者である時代とでは異なる。社会状況に合わせて変えていく必要もあろう。また，目黒区の場合は，公共施設の整備に限っているが，民間開発の際に開発指導要綱での行政指導や，総合設計，再開発事業等により様々な地域貢献施設を創出している。こうした実情を踏まえ，民間活力による誘導目標を織り込めば，地域整備の全体像やその方向性がみえやすくなるだろう。同時に，民間開発が住民から理解されやすくなり，歓迎されるものになるかもしれない。一方，地区・住区の設定においては，自治組織がしっかりする反面，屋上屋を架け非効率な結果とならないよう留意しなければならない。これが地域力の向上に結び付くように，行政との連携や行政組織体制を併せて考慮することである。

また，地区計画では東京都中央区の例に学ぶべき点がある。地区計画は，地区の課題や特徴をふまえ，住民と区市町村が連携しながら，地区の目指すべき将来像を設定し，その実現に向けてまちづくりを進めていく手法である。この方針に沿って，道路や公園等の地区施設や建築物等に関する事項などを具体的に定めるものである。一般に，地区計画区域は，具体的な開発計画が生じた場合に，事業地区やその周辺を対象として指定することが多い。

中央区の場合は，区全域を対象に街並み誘導型地区計画を指定し，地域ブロックごとに機能更新型地区計画を指定している。前者は，壁面を後退させることにより，道路幅員や道路等の斜線制限を緩和することで，指定容積をできるだけ消化できるようにしたものである。後者は，幹線道路沿いにおいて，歩道と壁面後退により広幅員の歩行空間を生み出すことを目的に，建物用途によって容積率を緩和するものである（図2）。

中央区は，首都東京の玄関口である東京駅や，日本を代表する高度商業地の銀座を擁する一方，歴史性のある路地空間と低層木造家屋からなる月島を抱えている。こうした地域特性をふまえて考えられたものと思うが，地域一帯を面的に指定する発想は，地域の将来像を示す地区計画の趣旨に合致している。

第2部　都市の空き家を考える

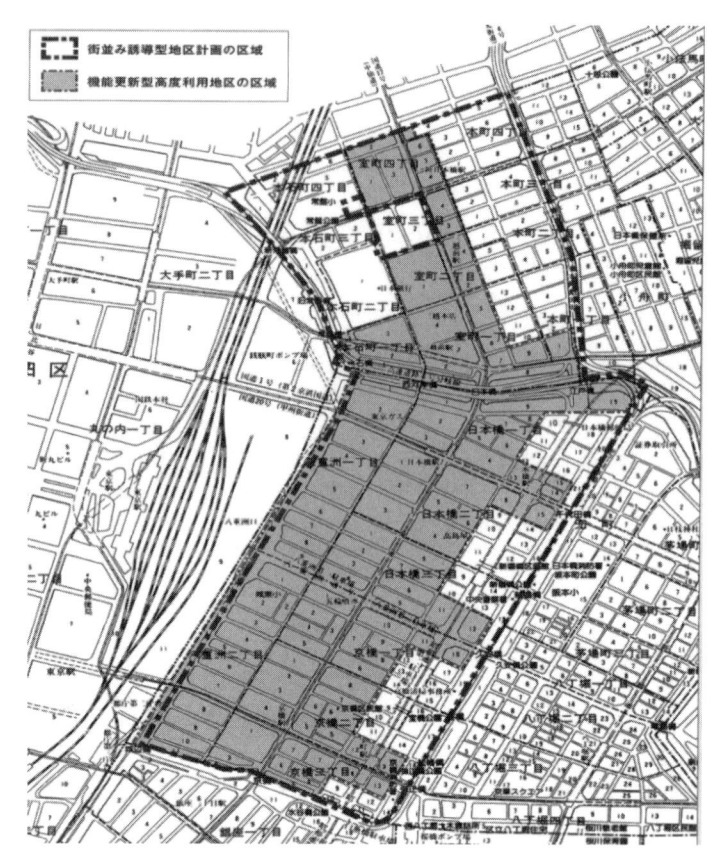

図2　地区計画区域図（日本橋・東京駅前地区）
（出典）中央区「まちづくりのルール」

　先述した，地区や住区単位で地区計画を指定することは意義があり，まちづくりにとって有効な方策となろう。生活圏域を面的に指定する地区計画に，福祉・保健・医療のほか，住宅・環境・防災の関連施設等など，住環境インフラを網羅的に整備方針として示すことができれば，一層充実したものになろう。

(3) 多様な担い手との連携

　空き家問題解決の中心となるべき行政は，行財政状況の厳しい今日，安易に補助金や助成金を導入する発想は，空き家が増大した際に行政負担が過大となり，対処できない事態を招くことにもなる。

　管理不全の空き家が生じないように，建物所有者の自己責任のもとに除却や利活用ができるような法的ルールを整えるほか，今後一人暮らしの高齢者等が増え続けることを考えれば，高齢者が安心して生活できるような地域社会をつくることが肝要となる。だが，地域のコミュニティ機能が高まっても，近隣の方を頼りに支援を委ねるにも限界がある。地域において，福祉に携わる関係者との効率的なネットワークを築くことも欠かせない。

　地域生活に大切なのは，こうした法的ルールや福祉施策が，住民一人ひとりに理解されることである。福祉施策は属人的な要素が大きいことから，地域全体であまり理解されていないこともある。また，様々な施策が一定の役割のもとで展開されているのだが，福祉に携わる関係者のほか，関連する施設や機関も多く，利用者には複雑すぎてわかり難いのも事実である。

　たとえば，東京都豊島区の社会福祉協議会では，生活課題の早期発見とその解決に向けた専門的相談員であるCSW（コミュニティソーシャルワーカー）や，公募したボランティアによる地域福祉サポーターを，高齢者の相談や見守りの地域のアンテナ役として各福祉圏域に配置している。これらによって得られた情報は，行政をはじめ民生委員，関係機関，町会等につなぎ，地域づくりを支えている（図3）。

　全国の区市町村においては，社会福祉協議会やNPOなどによって様々な活動が行われているが，この活動が地域力を高める方向で効果的に行われるには，まず，生活圏域内の住民に必要な情報が浸透し理解され，活用されることである。そのためには，住民，行政，町会等の自治組織，支援活動を担う団体の自助・公助・共助の範囲や役割を明確にし，様々な施策の連携による公民一体の

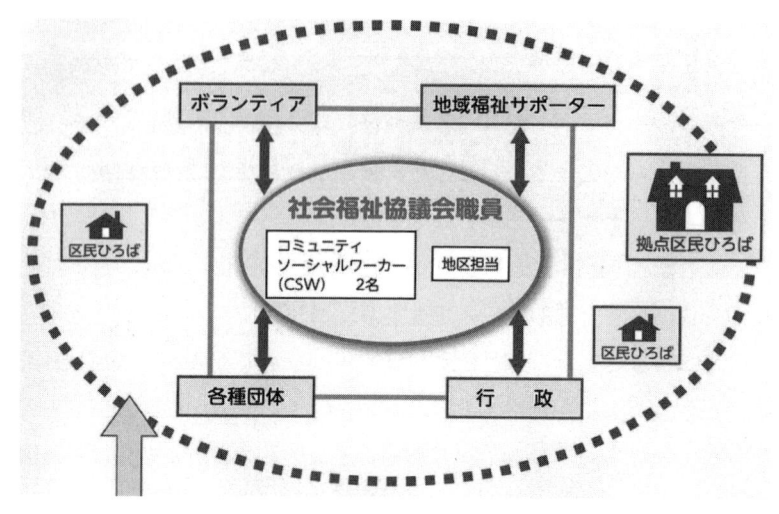

図3 福祉圏域内での福祉まちづくり活動（東京都豊島区）
（出典）豊島区民社会福祉協議会「としま NICE プラン」

システムを，それぞれの生活圏域のなかに築くことである。

5. 地域・都市政策からの発想

　これからの社会においては，身近な生活圏がより重視されなければならない。ここでは，基本的な住まい方のルールがあり，住民自治がしっかりと行われ，まちづくりによる地域の将来像とその整備の方向がハード・ソフト面から明示されることである。そのためには，生活圏域と自治区域，地域マネジメント，行政施策の計画領域を一致させ，重ね合わせることが重要となる。そのうえで，各種施策や事業を一体的かつ総合的に実施することや，地域住民や様々な団体が連携してまちづくりや福祉活動を積極的に展開することである（図4）。
　このような地域・都市政策によって，空き家問題の原因である住民意識の向上，生活ルールの徹底，老朽家屋の撤去，家屋や空き地の適正管理と有効な利

空き家問題と地域・都市政策

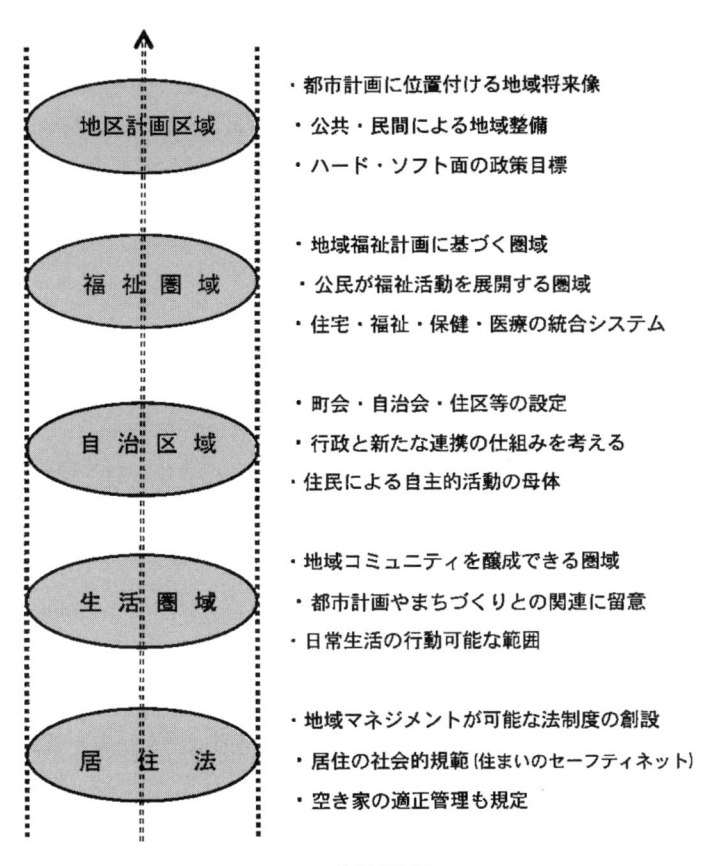

```
地区計画区域   ・都市計画に位置付ける地域将来像
              ・公共・民間による地域整備
              ・ハード・ソフト面の政策目標

福 祉 圏 域    ・地域福祉計画に基づく圏域
              ・公民が福祉活動を展開する圏域
              ・住宅・福祉・保健・医療の統合システム

自 治 区 域    ・町会・自治会・住区等の設定
              ・行政と新たな連携の仕組みを考える
              ・住民による自主的活動の母体

生 活 圏 域    ・地域コミュニティを醸成できる圏域
              ・都市計画やまちづくりとの関連に留意
              ・日常生活の行動可能な範囲

居 住 法      ・地域マネジメントが可能な法制度の創設
              ・居住の社会的規範（住まいのセーフティネット）
              ・空き家の適正管理も規定
```

図4　施策関連図

活用が行われる。また，行政と地域とのコミュニケーションも円滑になり，地域のコミュニティも醸成される。こうして，高齢者等が安心して暮らせる社会を築くことができるのではないだろうか。

　今後，本格的な人口減少社会等を背景にして，空き家の数はますます増大するものと推定される。2013年版の「首都圏白書」によれば，2008年の東京圏の空き家数は45年前の約15倍であるという。また，空き家の継続期間が1年以上のものの割合は，東京圏で22%，東京40km以遠では約2倍の49%に上る

という。

　空き家の発生を契機に人が流失し，地域衰退へとつながる場合もある。熟成した市街地が人口減少によって逆都市化の道を歩みはじめ，ゴーストタウン化していく。米国のヤングステンのように，産業衰退に伴う人口激減からゴーストタウン化して都市規模の縮小に追い込まれた例もある。グローバル経済のもとでは，最適な企業環境を求め海外等に拠点を移すことも十分考えられる。いずれの地域でも衰退の危機は背中合わせに存在しているといえよう。

　社会経済状況の変化によって生じる都市の空き家問題の深刻さを考えると，早い段階で，空き家に至るプロセスを究明し，空き家による負の循環に手を打たねばならない。これには，空き家が発生する前，発生時，発生後という，時間軸の観点からの検討が欠かせない。

　また，一方で，将来の人口減少や空き家発生等を与件とし，様々な角度からの検討を加えて新たな政策を考える必要もあろう。これらには，地域・都市政策の視点から一歩踏み込んだ法的措置や行政施策の推進も必要となる。

　今日では，地域コミュニティの弱体化や行政による公的サービスの限界が感じられるなか，住民の自発的意思に期待したり自主的活動を誘導するだけでは，安心して暮らせる地域環境を築くことは難しい。自治体は，これからの厳しい社会を視野に入れながら，住民が遵守すべきルールの枠組みを創るなど，地域の基盤をしっかりさせ，公的活動を担う様々な主体との連携を深めて空き家問題に総合的に対応することである。

〈参考文献〉
北村喜宣，山口道昭，出石　稔，磯崎初仁（2011），『自治体政策法務』有斐閣
国土交通省（福田健志）（2013），「ISSUE BRIEF 空き家問題の現状と対策」国立国会図書館 ISSUE BRIEF NUMBER 791
米山秀隆（2013），「研究レポート 自治体の空き家対策と海外における対応事例」富士通総研（FRI）経済研究所

北村喜宣，前田広子，吉原治幸，進藤　久，塚本竜太郎（2012），「〈地域科学〉まちづくり資料シリーズ 28「地方分権」巻 12『空き家等の適正管理条例』」地域科学研究会

山口　幹幸Ⓒ

老朽マンションにおける空き住戸問題
―旭化成不動産レジデンス㈱のマンション建替えの事例に見る建替え前のマンションの実態―

旭化成不動産レジデンス株式会社 開発営業本部
マンション建替え研究所 主任研究員
大 木 祐 悟

1. はじめに

　人口減少社会に突入した我が国においては，過疎地帯の村落だけではなく，地方の中小都市においても住民の高齢化や住宅の空き家化等の問題が発生しており，その対応について様々な場面で議論が交わされているところである。
　これに対して大都市部においては，地方からの若年齢層の継続的な流入等の影響から，空き住戸の問題は喫緊の課題ではないと思われがちであるが，実は，大都市部においても老朽化したマンションの一部については，都市部の"限界集落"の様相を呈しているケースが少なくない。
　筆者は，老朽化したマンションの再生についての研究のほか，管理組合からの相談を受け，また再生の現場のサポートをしているが，本章では，その経験から，老朽マンションが抱える問題の中で「空き住戸問題」について事例を入れながら述べていく。

2. 老朽マンションにおける空き住戸の実態について

　図1は，筆者が所属する旭化成不動産レジデンス株式会社（以下，「旭化成」という）がこれまでに建て替えた（一部工事中のものがある）マンションについて，建物の解体前における利用状況をまとめたものである。

　マンションによって多少の違いはあるが，相対的には築年数が経過するに従い，区分所有者本人が居住している割合が低くなり，賃貸住戸や空き住戸の数が増えていることがわかる。中でも特に，築年数が古い2つのマンションにおいては，空き住戸率が非常に高い状態となっていることがわかる。また，築50年のマンションについては空き住戸がなく，加えて築47年，築42年Aにおいては空き住戸率は比較的低い状況のものもあるが，一方で，築49年，築42年B，築42年Cにおいては，空き住戸化が顕著になりつつある状況のマンションの存在も確認できる。

　一般に建物の空き住戸状況が長期化する場合の理由としては，第一に立地の問題，第二に建物の質の問題が挙げられるが，以下で取り上げた13のマンションの立地は次の通りであり，この中で1件を除くと全て駅から徒歩圏の好立地である。なお，バス便の物件も，人気エリアの物件であり，バスの本数も非常に多く利便性の高い物件であった。

東京都新宿区	2件	東京都杉並区	1件
東京都渋谷区	2件	東京都三鷹市	1件
東京都調布市	2件	東京都府中市	1件
東京都港区	1件	横浜市西区	1件
東京都世田谷区	1件	大阪市中央区	1件

　そのため，これらのマンションのうち特に築年数が経過したマンションにおいて空き住戸化が顕著である理由としては，建物そのものに魅力がなくなっていたことが主たる原因であるものと考えられる。

第2部　都市の空き家を考える

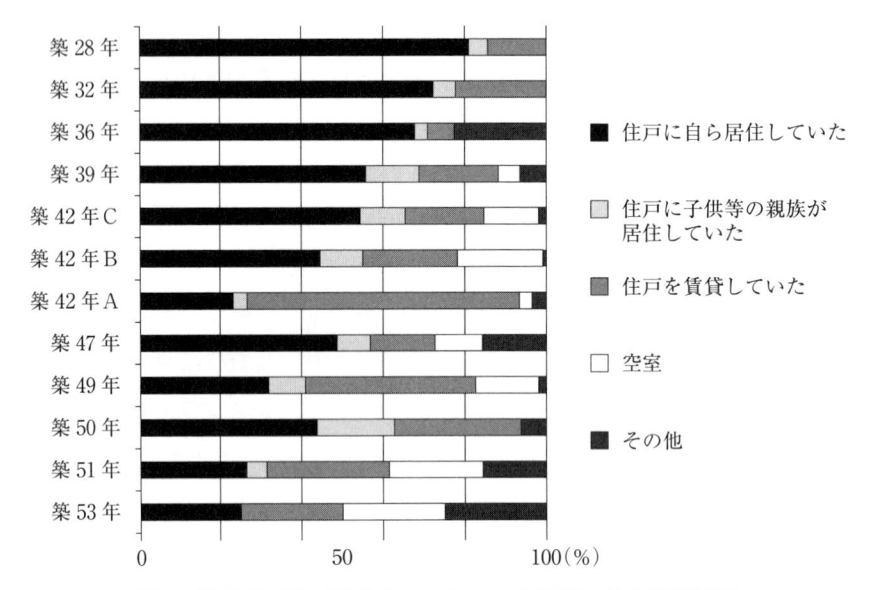

図1　旭化成で建て替えたマンションの建替え前の利用状況

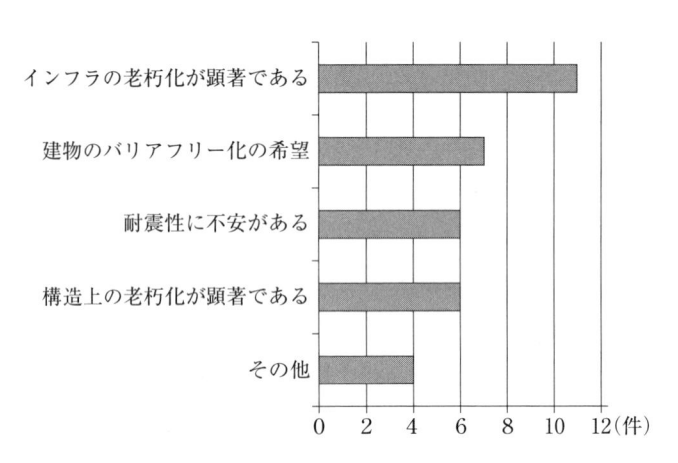

凡例：
- 住戸に自ら居住していた
- 住戸に子供等の親族が居住していた
- 住戸を賃貸していた
- 空室
- その他

対象：築28年、築32年、築36年、築39年、築42年C、築42年B、築42年A、築47年、築49年、築50年、築51年、築53年

図2　建替えの検討を始めたきっかけ

- インフラの老朽化が顕著である：約11件
- 建物のバリアフリー化の希望：約7件
- 耐震性に不安がある：約6件
- 構造上の老朽化が顕著である：約6件
- その他：約4件

次に，上記のマンションを含め，旭化成でこれまでに建て替えた（工事中を含む）17のマンションについて，管理組合の理事長等に建替えを検討したきっかけをヒアリングしたところ（複数回答可），図2のように，「インフラの老朽化が顕著である」，「建物のバリアフリー化の希望」，「耐震性に不安がある」，「構造上の老朽化が顕著である」の4つが主たる理由として挙げられている。

以上の内容からも，これらのマンションについては，建物そのものに問題がある，あるいは危険な状況（耐震性の問題や構造上の老朽化が顕著である点）であったことがわかる。また，このことから，大都市部の好立地にある他のマンションでも，建物の状態がある限度を超えると建物が急速にスラム化してしまう危険性があることを推測することができるのである。

以下では，これまで旭化成が建て替えたマンションの中でも空き住戸状態が顕著であった2つのマンション（「同潤会江戸川アパートメント」と「野毛山住宅」）の状況について簡単に紹介したうえで，老朽マンションで空き住戸率が高くなる理由について具体的に考察する。

(1) 同潤会江戸川アパートメントの事例

最初に，同潤会江戸川アパートメント（以下「江戸川」という）の事例を紹介する。

江戸川は1934年（昭和9年）に建築され，2002年（平成14年）3月の建替え決議を経て，翌年に建物の解体工事が着手されたマンションである。

建築当初は，水洗トイレ，スチームによるセントラルヒーティングが各住戸に完備されたほか，交換手による電話や，ラジオの共聴システム等も備えた高級アパートで，当時，「東洋一のアパート」と言われていた。

江戸川は，JRの「飯田橋駅」から徒歩7分ほどに位置し，他に，地下鉄東西線，有楽町線，都営大江戸線も利用可能な利便性の高い立地であったが，建替え時点においては空き住戸が非常に顕著な状況にあった。

建替え前の江戸川は，2棟ある建物のうち1棟が傾斜しており，また外壁の

崩落等も一部始まっている状況であった。**写真1**は，外壁に貼られていた「軒下落下物注意」の表示板を示しているが，ここで表現されている注意すべき落下物は，具体的には剥落する外壁を意味していた。

また，ある居住区分所有者の住戸では，居間の天井からコンクリートの塊が床に落ちてきたことから，建替え決議は行われたものの建物の着工時期には至っていなかったにもかかわらず，当該住人は転出するというような事態まで発生していた。

さらに，江戸川は，戦時中の金属の供出命令に伴いエレベータを取り外したままの状態であったことから，事実上エレベータがない建物であり，また電気容量も各戸15Ａに制約されていたことから，エアコン等の取り付けも困難な状況にあった。

加えて，間取りも，専有面積が80㎡を超え住戸内に浴室を備えた住戸も存在した一方で，独身部と呼ばれる単身者向けの住戸には専有面積が10㎡を切る住戸もあり，多くの住人はマンション内にある共同浴室を利用する状況であった。

(2) 野毛山住宅の事例

次の事例は，野毛山住宅である。

野毛山住宅は，旧日本住宅公団（現UR都市機構）が1956年（昭和31年）に建築したマンションで，当時は「夢の2ＤＫ」といわれた最初期の公団分譲団地の一つである。

立地はJR根岸線「桜木町駅」から徒歩7分ほどの高台の上で，明治期は豪商平沼家の別邸があった場所であり，利便性からも環境面からも優れたマンション立地となっていた。

建物は全5棟で，戸数は120戸で構成されていた。

野毛山住宅は建替えをするために解体された時点で築51年を超えていたが，全120戸のうち半分が空き住戸であった（**図1**では区分所有者の人数ベースでの

老朽マンションにおける空き住戸問題
—旭化成不動産レジデンス㈱のマンション建替えの事例に見る建替え前のマンションの実態—

写真1 「軒下落下物注意」の表示板（江戸川）

写真2 屋上ペントハウスの鉄筋が露出している状況（江戸川）

写真3 再建前の野毛山住宅の2号棟

カウントとなっているため，空き住戸が実態よりも少なく見えているが，野毛山住宅では，大手企業が社宅として十数戸の住戸を所有しているケースが2例あったため，住戸ベースでは半分が空いている状況となっていた）。

なお，居住者の半分近くは賃借人であったことから，区分所有者本人（区分所有者の親族を含む）が居住している住戸は全体の4分の1に満たない状況であった。

野毛山住宅も，写真3の通り，建物の老朽化は見た目にも明らかな状況であり，江戸川と同様に，コンクリートが一部剥落して鉄筋が露出している部分も

散見された。

　また，間取りも約40～48㎡の住戸で構成され，各戸に浴室はあるものの脱衣所や洗濯機置き場もない建物であった。さらに，各棟とも5階建てのエレベータなしの建物であった。

3. 建物が老朽化した理由

　上記の2つの例から，立地が良くても建物に大きな問題がある場合は，建物の空き住戸化が進む可能性があることを確認できる。

　たとえば，建物にかかる具体的な問題としては，先述のバリアフリーの問題（エレベータがない），建物の構造的な老朽化の問題，耐震性の問題等をあげることができるだろう。

　ところで，たとえばニューヨークのダコタアパートは築130年でなお現役の建物として使われているのに対して，野毛山住宅は築51年，江戸川は築70年程度で，なぜこのような状態になってしまったのだろうか？

　この点について私見を述べたい。

　現在では多くのマンションで長期修繕計画に基づいて計画的に建物の維持修繕を行っている。また，その結果として，長期間にわたりマンションの構造や居住環境の良好性が維持されている状況にある（平成20年の国土交通省の調査では，長期修繕計画を有するマンションは全体の89％となっている（平成20年度マンション総合調査〈平成21年4月10日公表〉））。

　たとえば大規模修繕については，概ね10～15年に一度の割合で行うことが国土交通省より推奨されており，少なくとも近年分譲された多くのマンションがこうした単位で建物をチェックし必要な修繕を行っている状況にある。

　これに対して，初期に分譲された多くのマンションでは，当初の段階では分譲会社にも管理組合にも計画的な修繕等の概念はなかったようである。実際に

老朽マンションにおける空き住戸問題
―旭化成不動産レジデンス㈱のマンション建替えの事例に見る建替え前のマンションの実態―

　旭化成で建て替えたマンションや，筆者が再生の相談を受けたマンションから聞いた範囲では，初期段階から計画的な修繕を行っていたマンションはほとんどなく，そのまま30～40年と時間が経過した結果，建物の構造的な老朽化がかなりの程度進行してしまった事例が多い。

　建築当初から必要最小限の維持修繕しか行わずに構造面での老朽化がある程度進行したマンションと，当初から計画的な維持修繕を積み重ねてきたマンションとでは，一定年数が経過した時点での建物の老朽化の進行度合いには大きな差が生じる。

　その結果として，仮に建物を同じ状態に復することが技術上可能であるとした場合にも，老朽化が進行してしまったマンションは，そうでないマンションと比較すると，修繕に要する手間も費用も過大になってしまう。さらに，江戸川のような状態になってしまった場合には，建物を原状に復することが困難であることは自明である。

　加えて，修繕積立金が十分に積み立てられていなければ，必要な修繕を行う場合には，その時点で各区分所有者に一時金を拠出してもらう必要が生じることが少なくない。

　筆者が知り得る事例では，長期修繕計画を定めていないマンションにおいては，修繕積立金を積んでいないマンションや，仮に積んでいても形ばかりの修繕積立金であるケースがほとんどである。そのため，大規模修繕の際には，各区分所有者から多額の一時金の拠出を求めなければならなくなることが多い。しかしながら，現実には一時金の拠出も難しいことから，必要な修繕さえ実現できないマンションも存在するのである。その結果，こうしたマンションにおいては老朽化の進捗も顕著となってしまうことになる。

4. 建物の社会的老朽化について

次に，建物の社会的老朽化の問題について言及したい。

欧米社会と異なり，我が国では高度成長期を経て住まいの水準が急速に向上してきた。たとえば，「専有面積」という視点から住宅を考えた場合，昭和 30 年代あるいは 40 年代の建物と昨今の建物とでは非常に大きな違いがあることは，総務省が発表している住宅・土地統計調査でも明らかである（**表**参照）。

加えて，建物の軒高等も，初期のマンションと最近のマンションを比較すると，各階において 200 ～ 400mm 程度の違いがある（その結果として，床のスラブ厚や専有部分の天井高も異なることとなる）が，こうした建物の専有面積や軒高等は，基本的に修繕や改修で対応できる問題ではない。

これに対し，昭和末期から平成以降に建てられたマンションは，住宅の専有面積も現在の水準とほとんど変わらない等，その基本的なスペックは最近の建物の水準と大きく乖離していないので，これらのマンションについては，適切な維持修繕をすることで，建物が本来有する耐用年数まで建物を利用することが合理的であると思われる。

ここでは，現代社会が住まいに対して求めている平均的な水準から性能等が大きく乖離してしまった建物を，「社会的老朽化が進んでしまった建物」と呼ぶこととする。

社会的老朽化の問題のうち，「専有面積」の問題については，2 住戸を一つにする等で対応できるケースもあるが，戸境壁が構造上重要なものであるときは，このような対応が出来ない。まして，軒高や床スラブ厚の問題への対応が困難であることは前述のとおりである。

建物の構造的な老朽化とともに，この社会的老朽化もマンションの空き住戸問題を考える上で大きな課題である。

表　所有関係別一住宅当たりの延べ床面積の推移　　（単位：㎡）

	全体	持家	民間貸家
1968年（昭和43年）	73.86	97.42	34.13
1973年（昭和48年）	77.14	103.09	36.01
1978年（昭和53年）	80.28	106.16	37.02
1983年（昭和58年）	85.92	111.67	39.19
1988年（昭和63年）	89.29	116.78	41.77
1993年（平成5年）	91.92	122.08	41.99
1998年（平成10年）	92.43	122.74	42.03
2003年（平成15年）	94.85	123.93	44.31
2008年（平成20年）	94.13	122.63	43.47

（総務省「住宅・土地統計調査」より）

5. 耐震性の問題

　現時点において，大規模改修または建替えの検討が必要となっているマンションの多くは，1980年代以前に建築・販売されたマンションであるが，これらのマンションは「新耐震基準」の問題に該当するマンションでもある。

　すなわち，1981年（昭和56年）6月1日より改正建築基準法施行令が適用されており，この時期以降に建築確認許可を取得した建物は新耐震基準に適合しているが，この時期以前に建築確認許可を取得したマンションは，新耐震基準以前の基準（以下，「旧耐震基準」という）により建築されていることとなる。

　もちろん，旧耐震基準の建物の全てが現行の耐震性能を満たしていないわけではないが，必要な耐震性能を備えているか否かは，専門家による耐震診断を行わない限り明らかにならない。

　ところで，耐震診断を行った結果，建物の耐震性が法に基づいた基準に適合していないことが判明した場合は，その建物を中古流通市場で売却する場合も，

また第三者に建物を賃貸する場合にも，重要事項説明書等でその事実を伝える必要がある。

結果的に耐震性に問題があると明記された建物は，中古流通市場でも賃貸市場でも流通価値が非常に限定されたものになると思われ，貸すことも売ることもできずに空き住戸のままになるケースも少なくないだろう。

そのため，現時点では，こうした事態を避けるために，新耐震基準以前に建築されたマンションでも，あえて耐震診断を行わないことも少なくない。すなわち，検査をしていないことについてまで，契約時に説明をする義務はないためである。

ところで，現時点においては，東京都の特定緊急輸送道路に面している一定の建物については，耐震診断が義務付けられている。東京都の条例では，一定期間内に耐震診断を行わない建物は名前の公表等もできることとされている。

すなわち，これらのマンションの名前が公表されるということは，「黒ではないがグレーである」ことを示すことになるため，将来的にはこのようなマンションは中古市場で売りにくくなったり，賃貸市場で貸しにくくなる可能性がある。

首都圏直下型地震の可能性が叫ばれるなか，建物の耐震性の問題も，空き住戸問題を考える際の大きな要素になるだろう。

6. マンション再生から見た賃借人の問題

マンションが老朽化した場合の対策としては，大規模修繕・改修により建物の機能について原状を回復し，あるいは機能を向上させる手法と，既存の建物を解体して建物を建て替える手法，あるいは既存の建物を解体し，更地にして土地を売却し，土地共有持分者間で売却代金を分配する手法の三つの選択肢が考えられる。

ところで，マンション内の所有住戸等を第三者に賃貸しているような場合には，大規模修繕・改修を除くと，既存の賃借人から建物を明け渡してもらう必要があるし，大規模修繕・改修でも，場合によっては居住者が一度建物から退去しなければならないことがある。

このような状況となった場合，賃借人に退去を求めることがわずらわしいために，旭化成がこれまでに関与した事例では，老朽マンションについてはあえて空き住戸のままにしている区分所有者も少なからずいる。

その理由は，我が国においては借家人の居住権が強く保護されているなか，特に老朽化したマンションの住戸を賃貸する場合には，周辺賃料よりも著しく安い賃料を設定せざるを得なくなるため，かえって明渡し時の立退き料が高額化する可能性も考えられるからである。

もちろん，近い将来において，大規模修繕や建替え等の事由により賃借人に明渡しを迫る可能性があるマンションの場合には，定期借家権を設定することで対応は可能である。

しかしながら，現実に賃貸募集をしている不動産業者の中には，この定期借家制度についての理解が十分でない者も少なくなく，また，所有している不動産は老朽マンションの空き住戸以外には自宅しかない貸主も多いことから，貸主サイドも不動産についての知識不足により，この制度そのものを了知しないこともあるため，定期借家制度が，現時点においては，老朽マンションの空き住戸対策として必ずしも有効に使われているとはいえないだろう。

もっとも，建替え決議は正当事由を相当程度補完するといわれているし，少なくとも旭化成では，建替えマンションにおいて借家の明渡しが建替えの重大な障害になった事例はない。

ただし，この点については広く認知されているわけではないので，結果的に借家人の明渡し問題も老朽マンションの空き住戸率を高めている要因の一つになっているものと思われる。

7. ストックを有効に利用するために

　以上，立地上の問題がない場合でも，老朽化したマンションには空き住戸が多い傾向にあること，また老朽マンションに空き住戸が増えている理由について述べてきた。一方で，中古住宅ストックを有効に利用することは，今後の我が国の住宅を考える場合に非常に重要な要素であることはいうまでもない。

　本章のまとめとして，限られたストックを有効に使うためにやるべきことについてまとめたい。

　まず，マンションの構造的な老朽化の進行具合と社会的老朽化の有無のチェックが必要である。

　すなわち，築年数が経過したマンションにおいても，建物の構造的な老朽化（耐震性の問題を含め）があまり進んでおらず，かつ社会的な老朽化もないマンションについては，修繕やリノベーションを的確に行い，建物が本来有する寿命を享受できるようにすべきである。

　また，構造的な老朽化が進行している場合（あるいは耐震性に問題がある場合）において，区分所有者が負担可能な範囲で建物の原状回復ができるケースでは，必要な修繕を行い，建物の原状および効用の回復を図るべきである。

　なお，この場合に問題となるのは，建物の原状および効用の回復に際して，区分所有法第17条に規定する特別決議が必要な大規模修繕・改修に関してである。

　同条第1項においては，共用部分の変更をする場合は，形状または効用に著しい変更を伴わないものを除き，区分所有者および議決権の各4分の3以上の多数で決することができるとされており（なお，マンション改修促進法の改正により，耐震性に問題があることが認定されたマンションの耐震改修については過半数決議で対応できる），第2項においては，「共用部分の変更が専有部分の使用に特別の影響を及ぼすべきときは，その専有部分の所有者の承諾を得なければ

ならない」とされている。

　すなわち，極論をいえば，他の区分所有者全員が特別多数決議に規定される内容での大規模修繕・改修を望んでいる場合でも，特別の影響を受ける区分所有者一人が反対をすれば対応ができなくなってしまうのである。

　この規定は，ある意味では建替え決議よりも厳しい内容となり得るものである。私見を述べるならば，特別の影響を受ける専有部分の所有者に対しては応分の価格補償で対応すべきではないだろうか。

　また，老朽化する前のマンションについては，長期修繕計画等に基づき適切に管理し，その建物が本来有する耐用期間まで建物を利用できる状態とすることが不可欠である。もちろん，そのためには，経済的な負担に耐えうる修繕費用を積み立てることも重要である。

　最後に，大規模修繕や改修等では対応できないマンションについては，建替えや区分所有権の解消が必要となる。建替えや区分所有権の解消の問題については様々な提言がなされている（老朽化マンション対策会議提言（2013年9月24日）等）ので，本章ではあえて言及しないが，法制度を含め様々な面での手当てを検討することが必要である旨のみを主張しておく。

大木　祐悟Ⓒ

わが国の空き家問題（＝地域の空洞化）を克服するために
―ドイツの実例に学ぶ―

株式会社ハウスメイトパートナーズ 参事
不動産鑑定士
野呂瀬　秀樹

1. プロローグ

　総務省の2008年『住宅・土地統計調査』によると，わが国の住宅ストック数は所有・賃貸合計で5,760万戸であり，現世帯数約5,000万世帯に対して15％多く，量的にはすでに充足している。一世帯で複数戸使用している場合があるので，空き家率は全国平均13.1％という調査結果である。また，賃貸住宅の空き家率は全国平均18.8％であり，都道府県別で見ると，福井県の30.8％を始め，26の県ですでに20％を超えている。

　欧米の調査では，所有・賃貸にかかわらず，住宅全体の空き家率が30％を超えると，その地域自治体は，公共施設の維持費用を負担仕切れず，行政サービスの提供が困難になるので，若年層を中心とした人々の流出に歯止めがかからなくなるという。

　国土交通省が2011年2月に発表した『国土の長期展望』という報告がある。これは，「人口減少」，「急速な少子高齢化」，「地球温暖化による気象変動」というわが国を取り巻く大きな潮流の中で，西暦2050年までの国土の姿を長

わが国の空き家問題（＝地域の空洞化）を克服するために—ドイツの実例に学ぶ—

期的に展望し，近い将来の日本が解決しなければならない課題を確認するために取り纏められたレポートである。

そこでは，およそ三十数年後，わが国の人口は3,000万人減少して9,500万人となり，65歳以上の高齢者が40％以上になると予想されている。それ以上にショッキングなのは，「2050年までに国土の6割以上の地域で，人口が半数以下になる」という記述である。

もちろん，東京・名古屋・大阪の三大都市圏と博多経済圏など，やや増加傾向を示す地域もある。しかし反面，全体の平均値よりもっと急激に減少する地域もあり，その結果，現在の居住地域（日本全体の50％）のうち20％は，自治体としてのサービスが提供できず，無人の地域になるという。

ただ，この報告発表の1か月後に東日本大震災が発生したため，国会やマスコミでも十分に取り上げられないまま，レポートの存在自体が忘れ去られているかのようだ。

だが，ここで取り上げられた人口減少に伴う空き家発生の問題に対して，我々賃貸住宅管理業界も手を拱いてきたわけではない。まず，移動シーズンに合わせた業界上げての空室撲滅キャンペーンは，競合他社との激しいつばぜり合いのなかでも毎年繰り広げられている。また，競争力を確保するための既存物件のリニューアルやリノベーションの提案は，社内に一級建築士やインテリアデザイナーを抱え込んででも行わなければならない，住宅管理会社の経営の必要条件となりつつある。最近では，主に地方の自治体が力を入れている「空き家バンク」の運営に協力する管理会社も増え，さまざまな事情で空き家保有を余儀なくされた貸家オーナーと，賃貸住宅派を自認するファミリー層とを結びつける役割を担っている。

しかし，前述の通り，人口減少による過疎化という現象は，わが国の地方自治体にとって不可避なものであり，限られた新規入居者の奪い合いは，もはやゼロサムゲームの様相を呈しつつある。

そこで本章では，このような悲観的な事態を打開するために，まず第一に，

245

わが国に先立って人口減少問題に直面してきた，EU のリーダー格ドイツの取組みについて確認したい。そして第二に，かの国から得られる知見が，わが国の実情に合わせてどのように応用できるかを考えてみたい。

なお，本章における意見・解釈は全て，空き家問題の克服に向けての筆者の私見を述べたものであり，所属会社および業界の意見を代表したものではないことをお断りしておきたい。

2. 空き家問題克服の道すじ——ドイツの先例

(1) 新築からリフォームへ——ドイツの新しい住宅政策

ドイツは，日本同様に第二次世界大戦で敗戦国になったが，戦後経済の立て直しは日本より早く，1948 年からの 10 年間で，その奇跡的復興を果たしたと言われている。その結果，ドイツの人口の伸びは 1970 年までででほぼ止まり，70 年代後半と 80 年代は増加していない。

1990 年の東西ドイツ統合後の 10 年間，海外からの移民流入により人口は一時増加したが，2002 年にはピークを迎え，その後は緩やかに減少している。すなわち，移民の受け入れを除いて考えると，ドイツの人口の自然減は既に 1980 年代に始まっていた，と観察することが可能である。

とりわけ特徴的なのは，経済的に劣勢に立つ旧東ドイツの人口が，1990 年の統一以来 20 年間で，およそ 15％（場所によっては 30％）も減少してきたことであり，これは，前掲の『国土の長期展望』に書かれた日本の将来を，とりわけ旧東ドイツに属する地域が先取りして経験してきたことの証でもある。

一方，わが国では，1954 年から始まった高度成長時代に続き，オイルショック克服，バブル経済崩壊に至るまで一貫して増加してきた人口が，ついに 2004 年 12 月の 1 億 2,800 万人をピークに減少し始め，まもなく世帯数も，

わが国の空き家問題（＝地域の空洞化）を克服するために―ドイツの実例に学ぶ―

表1　日本とドイツとの国勢比較

	人口 (万人)	世帯数 (万)	住宅ストック数 (万戸)	量的な充足分 (％)	GDP (USドル)	国土面積 (㎡)
日　本	12,700	5,000	5,760	+15	5,960	378,000
ドイツ	8,200	4,020	4,020	±0	3,430	357,000

（注）　2008年住宅・土地統計調査（総務省），直近の人口・GDP係数などを参考に筆者作成。

2015年の5,060万世帯をピークに減少局面に入ると予想されている。

　加えて現在，日本・ドイツの国内総生産は世界第3位・4位であり，人口・面積ともそれぞれGDPに準じた規模の，アジアとヨーロッパのリーダー的存在であることからも，ドイツが，わが国が『国土の長期展望』を考える上で参考とすべき国の一つであることに異論はないだろう（表1）。

　このように早くから人口減少問題に直面したドイツは，2000年前後から新築住宅に対する優遇政策を一切打ち止めとし，その結果，住宅新築戸数は，1990年前半の年間50万戸が，現在では年間15〜17万戸に減少している。

　その代わりに増えてきたのが既存住宅のリフォームである。とりわけ1980年代前半に建てられた住宅の省エネリフォームを国策として推進し，各種の補助金や低利融資が受けられるようになった結果，今では年間工事件数がかつての新築に匹敵する50万件，年間省エネリフォーム工事高が2兆円以上あると言われている。

　対するわが国では，変動する景気循環のなかで，住宅新築は常に重要な経済対策として位置づけられ，2013年も，リーマンショック以前の120万戸台には及ばないものの，90万戸を超える実績を示そうとしている（表2）。

　一方，国土交通省の『建築物リフォーム・リニューアル調査報告』によると，2013年の住宅に係るリフォーム工事は，全体工事高で3兆3,500億円に達している。その内訳は，工事目的別の対全体寄与度が公表されているだけなので，省エネリフォーム工事高を算出するには，双方の計数を乗じた答えをもって推

247

表2　日本とドイツとの住宅政策比較

	新築戸数		省エネリフォーム工事		
	90年代前半 （万戸）	現　在 （万戸）	（万件）	（億円）	（万円/件）
日　本	120	90	40	2,000〜3,000	50〜70
ドイツ	50	15〜17	40〜50	20,000超	400〜500

（注）　2013年国土交通省建設統計室公表資料、『キロワットアワー・イズ・マネー』を参考に筆者作成。

計するしかない。それによると、わが国の省エネリフォーム工事高は、直近でも2,000〜3,000億円に留まっており、全体の8割は老朽化対応のリフォーム工事である。

とりわけ特徴的なのは、ドイツでは400〜500万円/件と徹底した省エネリフォーム工事をするのに対して、わが国では平均でその1割しか予算をかけていないという結果である。

(2)　省エネリフォーム工事によるドイツの地域経済の活性化

住宅の新築市場が縮小したドイツでは、大手建築会社の倒産が相次ぎ、土木・建築業界の雇用者数は、ピーク時の143万人から2010年には半減していると報告されている。しかし、日本ならば地元の工務店に分類されるであろう、従業員20人未満の地域に根付く建築会社の従業員は、ほとんど減少していないことに注目したい（図1）。

ここで、ドイツで奨励された省エネリフォーム工事とは何かを確認すると、既存の建物の窓サッシを高性能・省エネ型に交換したり、壁や屋根裏、床下に断熱材を追加で投入する改修工事のことをいい、併せて給湯や暖冷房・空調機の高性能型への交換工事もこれに含まれる。すなわち、このような手間のかかる工事は大手建築会社の得意な分野ではなく、小周りが効き細かいところにも

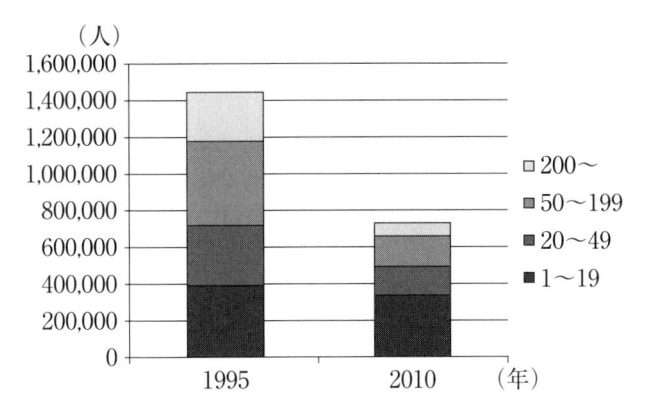

わが国の空き家問題（＝地域の空洞化）を克服するために―ドイツの実例に学ぶ―

図1　ドイツの建設業界従業員数の推移
【図表2-1】従業者数規模ごとに事業者を分類した形での，土木・建築を含めた建設企業における従業員数の推移
（出典）　ドイツ建設産業連盟（Hauptverband der Deutschen Bauindustrie）の統計より
（注）　『キロワットアワー・イズ・マネー』50ページから筆者孫引き。

気を配れる，地域の中小工務店の仕事になっている。

そして，この省エネリフォーム工事こそが，ドイツでも人口の減少が著しい，旧東ドイツをはじめとする地域の地元経済に活性化をもたらしている。

加えて，ドイツの消費税率は既に19％と高率なため，省エネリフォーム工事のために交付した助成金を2倍以上上回る消費税収入が，省エネ投資によって行政当局にもたらされたという。

2006年から5年間に，国が助成金などで支出した8,500億円が誘引となって施工された省エネリフォーム工事は，250万戸の住宅工事と950件の公共工事を合わせて11兆2,500億円であり，そのうち国に納められた消費税は1兆8,000億円であると報告されている。

(3)　省エネリフォーム工事による家庭のコスト削減効果

この既存建物リフォーム工事で，ドイツの一般家庭では平均400〜500万円の投資をしたことになるが，この投資分は約20年間のエネルギーコストの削

249

減効果で回収することができると考えられている。つまり，年間20～25万円の光熱費が節約できることになる。一般にドイツの徹底した省エネリフォーム工事は，燃費をおおよそ70％近く削減する効果があると伝えられているので，従前は光熱費が年間30～35万円かかっていた計算になる。

ただし，これだけの削減効果が発揮できるのは，ドイツが日本の東北～北海道並の寒冷地で，昔から一棟まるごと暖めるライフスタイルであるからだという意見もある。

一方で日本国内では，住宅の断熱性能と住み手の健康には深いかかわりがあるという研究結果も出ている。それによると，室内の温度にムラのない暖かい家に住むことによって，一人当たり年間1万円の医療費の個人負担の削減に繋がるという。わが国の健康保険の自己負担率30％から勘案すると，個人負担の約3倍の4兆円近い支出が削減される計算となるのだ。

なにより，福島原発の事故以来，国の長期的なエネルギー政策が今だ定まらない中では，住宅省エネの集積によって国家レベルのエネルギー消費量を削減することは，再生可能資源による代替エネルギーの確保に劣らず，今後取り組むべき重要な課題であると言えよう。

加えて，住宅のエネルギー消費量削減のための設備投資は，むしろ将来懸念される原油価格の上昇によってもたらされる，個人レベルでの光熱コストの漸増を，我々一人ひとりの判断と行動で未然に防ぐことができる唯一の方法と考えられる。

(4) 省エネリフォーム工事を後押ししたドイツのエネルギー法制

ここで，ドイツにおける建物の二つの熱エネルギー法制（創エネ：再生エネルギー利用促進と，省エネ：エネルギー消費量の削減）を見ておこう。創エネについては，最近日本でも注目されているが，化石燃料に代わるエネルギー源についてドイツでは早くも1991年から法整備が始まっている。

むしろ既存建物の空き家問題解決の参考にしたいのは，エネルギー消費量削

減についてのドイツ法制の新しい動きである。ドイツの省エネ法は，1970年代の石油危機を背景としたエネルギー政策の議論の中で，建物内のエネルギー消費量を減らすべきだとの認識から制定された。同法は，建物に関する暖冷房，換気，照明，給湯設備エネルギー効率化について命令で定められると規定し，数値基準は日本より格段と厳しいものになっている。

注目すべきは，2007年の省エネ法改正で導入された，建物のエネルギー効率を数値で示すエネルギー証明書の作成義務である。すなわち，従来新築建物に対する任意適用だったエネルギー証明書の発行が，既存建物も含めて強制適用されることになった。その結果，全ての建物所有者は，自らが所有する建物を売却または賃貸する際に，エネルギー証明書の発行を受け，購入者または入居者に対して，建物のエネルギー性能情報を開示しなければならないという義務を負うことになったのだ。

前述のように，ドイツ国内で省エネリフォーム工事が盛んに行われてきた背景には，このような徹底した法整備もあると言えよう。

3. 空き家問題の克服に向けて——日本への応用

(1) 日本固有の事情——地震・台風と木造住宅

何年か前のベストセラーに『家，三匹の子ぶたが間違っていたこと』という面白い題名の家造りの本があった。原作は，わら・木・レンガという三通りの材料のうちレンガを使った末っ子の家だけがオオカミから守られたというあの寓話である。全英オープンを持ち出すまでもなく，強風で有名なイギリスで生まれたこのお話の教えは，強風に対してはレンガ造りが一番安全ですよというものであった。風力発電が盛んなドイツでも事情は同じことだ。

しかし，地震被害が一番深刻な日本では話は別である。地震時は最も重い建

物であるレンガ造にかかる圧力が最大で，潰れたら圧死間違いなしだ。地震も台風も怖い日本では，風にも強くてレンガより軽い木造が，家造りには最も適している。

一方，従来多くの人が見過ごしていることだが，2階建以下でかつ延べ面積500㎡以下の木造住宅の場合，わが国の建築基準法では構造計算が必要であるというルールにはなっていない。その代わり，耐震性の基準として，「壁量規定」という仕様基準を満たさなければならない。すなわち，家を建てるときは，その屋根と壁の形状に応じて，決められた枚数の壁と筋かいを設置する必要があるという規定である。

ところが，この規定は1950年の建築基準法制定後何度か改正され，そのうち最大のものは宮城県沖地震を教訓にした1981年の新耐震基準であって，法制定時に定められていた壁数をなんと2倍に改めている。そして何より注目しなければいけないのは，この新耐震基準以前に建てられた家が既存不適格建築物として日本国内にまだ1,000万戸以上存在しているという現実である。

幸い当時の住宅建築で採用されている在来木造軸組工法であっても，欧米伝来のツーバイフォー工法であっても，品質のいいものであれば，相応の予算を投じて耐震補強リフォーム工事をする方法はあるという。

仮に旧耐震住宅のうち1割に当たる100万戸に対して，省エネと耐震合わせて一世帯当たり1,000万円の予算で，また新耐震住宅のうち1割に当たる400万戸に対して，省エネのみ一世帯当たり500万円の予算で，10年間に1/10ずつリフォームすると仮定するだけで，年間3兆円，総額30兆円もの工事規模になる。

耐震補強リフォーム工事は，省エネ工事同様，中小の工務店が活躍する分野である。その意味では，リフォーム促進策が奏功すれば，ドイツに劣らない規模で地方経済は活性化することになる。

その実現のためにも，既存住宅のうち，どんな建物をどんな基準でリフォームするべきかのガイドラインを作り，リードすることが必要になるだろう。

(2) 日本固有の事情——木造住宅は何年もつか

建築学の研究者の間で，建築物の寿命について「残存率が50％に達した時点を平均寿命とする」という考え方がある。それによると，建物の平均寿命とは，残存している建築物と解体された建築物が同数になったとき，つまりある年に建てられた建築物の半数が解体された時点をいう。

早稲田大学の小松幸夫教授の研究では，日本の木造住宅の平均寿命（全国平均）は2005年現在で54年，同じく木造共同住宅の平均寿命は44年であり，その後2011年の追跡調査ではさらに数年ずつ伸びているが，その理由は経済情勢の変化や建物の質の向上であると分析されている。

一方，従来から，建物の資産価値の判断に影響を与えてきた木造の税法上の減価償却耐用年数は，いずれも22年にすぎない。しかし，この耐用年数は本来課税の公平性を図りながら認められた，事業用建物の投下資金の回収期間のはずである。

今後，住宅建物に対して，既に述べてきた省エネ・耐震，加えてバリアフリーなど生活の安全性と快適性に配慮したリフォーム工事を施すことにより，木造住宅の平均寿命がさらに伸長するのは間違いない。したがって，長寿命化した建物を，その資産価値に応じて評価するガイドラインを早急に整備する必要がある。

(3) 日本にとって喫緊の課題とは

前述の通り，わが国の新築住宅着工戸数はおよそ年間90万戸に回復している（2013年）。この数字から国土交通省が毎年取りまとめている減築（既存建物の取壊しと災害による滅失の合計）を控除し，再築（取壊し後の建替え）を加えると，直近の住宅戸数の純増分が計算できる（表3）。

それによると，日本の住宅ストック数は年間1.5％以上増加しており，たとえ世帯数の減少が五輪効果などで一時的に食い止められると仮定しても，この

表3　日本の住宅戸数の現状

(イ) 世帯数	(ロ) 住宅ストック (万戸)	(ハ) 量的な充足分 (％)	(ニ) 新築 (万戸)	(ホ) 減築 (万戸)	(ヘ) 再築 (万戸)	純増 ((ニ)-(ホ)+(ヘ)) (万戸)
5,000	5,760	+15	90	11.5	9.5	88

(注)　表1と2013年国土交通省建設統計室公表資料を合わせて筆者作成。

ままで行くと，全国平均で所有・賃貸あわせて13.1％の空き家率は，10年あまりで危険水域である30％を超える可能性がある。

したがって，最優先に考えなければならないのは，従来のように外延エリアに拡大した住宅の新築を抑制し，一方，既成市街地の高品質な既存住宅には省エネと耐震を主眼としたリフォームを施すことを促進し，住宅ストック数の増加を抑制することである（住宅数抑制の課題）。

(4)　住宅数抑制の課題のために今必要なこと

2013年春から，国土交通省では中古住宅の流通の促進・活用に関する研究会を開催し，日本の住宅の資産価値が長期にわたって維持される環境を整備することが必要である，との認識を明らかにしている。

その中では，築年数を基準とした従来型の建物評価方法の見直しや，リフォームを担保として評価するしくみなどの理論課題の検討が，中古住宅の市場関係者から要請されており，国土交通省はこれを受けて，すでにいくつかの研究会を個別に立ち上げている。2013年も押迫った頃に，我々不動産鑑定士に対して，「既存住宅建物積算価格査定システム」という建物評価の新しいソフトが開示されたことなども，その対応のひとつだろう。

また，中古住宅の質が不安だという消費者からの声に対して，国土交通省は，リフォームされた中古住宅の性能評価に向けた基準づくりや住宅履歴情報の標準化などの市場環境の整備にも取り組み始めている。

しかし，戦後，我々は，いわゆる土地本位制のもとで，土地を所有すること

で個人の資産価値を実質的に維持することを余儀なくされてきた反面，住宅の建物は住み始めると同時に2割減価し，その後20年経過すれば市場価値は限りなくゼロに近づくという考え方に慣れ親しんできた。

　良くも悪くも，それは，戦後輸出産業振興の資金調達を金融機関による間接金融に頼り，直接金融である株式市場の育成に必ずしも熱心でなかった，金融財政当局の経済シナリオの副作用（株式よりもむしろ土地が最有効なインフレヘッジ資産であるというわが国固有の理念）であるという考え方が有力である。

　したがって，「人口減少で空き家が増え，空洞化した土地が値下がりする」という近未来の危機に対して，金融財政当局も，むしろ建設技術の進歩に伴う建物のロングライフ化を正面から受け止め，金融，財政，税務，法制の各方面からバックアップすべき時期であるという認識を持つべきではなかろうか。

　すでに述べた建築基準法，省エネ法など各法制や建物資産価値の評価に関するガイドラインの整備が重要であることは論を俟たないが，他にたとえば第一に金融面では，リフォームの担保力評価の整備を受けてリフォームローンを開発し普及促進することと，中古住宅の担保力評価の整備を受けて世代を超えて承継可能な住宅購入ローンを融資可能にすることである。

　第二に財政面では，太陽光発電の補助金のようないわゆる創エネ工事に対してだけでなく，団塊世代が持つ自宅や賃貸住宅の省エネ工事および耐震工事誘引のための補助金を支給することである。これは生活消費財に対するバラマキなどではなく，ドイツの例からもわかるように将来のエネルギーコストを削減することに繋がる投資回収型の補助金としての側面を持つ。

　第三に税務面では，高齢者（将来の被相続人）からその子（将来の相続人）に対する，省エネリフォーム投資贈与信託の新設である。周知の通り，2013年春に取扱開始となった教育資金贈与信託は相続対策にも効果があることから，わずか半年あまりの間に2,600億円もの実績を上げている。この施策は，わが国高齢者の1,400兆円とも言われる金融資産の一層の流動化に繋がり，景気回復を後押し出来る可能性を持っている。

第四にドイツと同様，新築住宅の優遇政策を，中古住宅のリフォーム優遇策に漸次シフトすることである。業界紙のリフォーム産業新聞によれば，従来のわが国のリフォーム工事売上高のうち，中小の工務店や住宅管理会社の占める割合は80～90％に近い。このことは，建物のロングライフ化を前提にしたリフォーム工事促進が，わが国の地域経済の活性化に密着した方向に向かうことを確信させる十分な根拠となる。

(5)　ドイツの土地法と日本の土地法の比較

　上記では，わが国の人口減少に伴う空き家発生問題の克服のために，その先行国ドイツの住宅政策，省エネ政策，地域活性化政策を比較検討した。

　そして，その手法の日本への応用に向けて，両国のいくつかの前提条件の相違について考えてきた。しかしそれでも，決して看過できない論点として，両国の財産権としての土地法制の異同がある。

　そこで，両国の土地法制，すなわち，「国土利用規制」，「都市計画と建築規制」，「憲法上の財産権保障との関係」のそれぞれについて，どのような異同があるかを俯瞰して本章の締めとしたい。

　まず第一に，国土利用に関しては，ドイツでは国土全体が建築許容地と建築抑制地に二分され，抑制地では原則あらゆる建築・開発が規制されている。

　対して，日本では国土の特定の地域を都市計画区域として，市街化を促進する市街化区域と，建築を規制する市街化調整区域に分けているが，そのいずれの地域にも属さない都市計画区域外のいわゆる白地地域では，必ずしも建築・開発規制が徹底されているわけではない。

　ドイツでは，国土全体のうち建物のある街並みと建物のない田園・緑地とがはっきりと区別されているのに対して，日本では，街道沿いや鉄道沿線に市街地を繋ぐようにして連担した建物が延々として続くという現象は，このような国土利用計画の違いにその一因がある。

　必ずしも整然とした国土利用のみが活性化に資するというわけではないにせ

よ，人口減少による行政サービス力の低下が，地域の空洞化を招来させる要因になることを思うにつけ，住宅地のスプロール化に繋がるわが国の国土利用の考え方は，これを見直す時期に来ているように思われてならない。

第二に，都市計画と建築規制に関しては，ドイツには通称Ｂプラン（Bou〈ドイツ語で建物〉の頭文字）という，市町村が個別に建物の態様を定める地区詳細計画があり，この策定地かまたは既成の連担した市街地以外では原則として建物は建てられない。そしてＢプランでは，建築できる建物の用途・高さ・様式・性能・大きさ・向きなどが，その地区ごとに定められている。すでに述べた省エネ法は，その建物性能として日本より格段と厳しい数値基準を定めており，これをクリアできない限り建物の新築・改築は認められていない。

対して日本では，私有地内における建物の建築は，都市計画法の開発行為や建築基準法に定める必要最小限度の建築規制に準ずる限り，原則自由であり，公共の福祉に照らして必要な限度で制限されるのみであるという考え方をとり，ドイツとは原則と例外が逆の立て付けになっている。

第三に，両国の憲法上の財産権の保障との関係についてである。

まず，日本国憲法29条1項では，「財産権は，これを侵してはならない」と定めているが，同時に第3項では，「私有財産は，正当な補償の下に，これを公共のために用いることができる」と規定し，さらに第2項では，「財産権の内容は，公共の福祉に適合するように，法律でこれを定める」としている。この第1項は，経済的な自由を保障する市民法的な近代的財産権を示し，第2項は，市場原理によって生ずる実質的不平等を解消するための社会法的なその制約を示す，とするのが今や日・独共通の憲法解釈である。

しかし，ここにいう財産権の内容＝裏を返せば，その制約の程度は，法制度の伝統と時代の要請に応じて変遷し，必ずしも一様ではない。たとえば日本では，従来，土地所有権に対しては，公共の福祉に対する支障を除くため必要最小限度の規制だけが許されるという考え方が一般的である。

対してドイツには，土地所有権に対して，民主的立法（条例を含む）によって，

社会的にこれを拘束する規制を加えることができる「社会的拘束概念」という考え方がある。ドイツ憲法裁判所は早くから，「土地という財産の特殊性からして，土地所有権が他の財産権より強い社会的拘束を受けるのは当然である」との考えを表明するに至っている。

4. エピローグ —— 2013年12月ドイツ事情

2013年も押し迫った12月，予てからの友人建築家に「百聞は一見に如かず」と誘われて一念発起，従来から活動拠点をケルンに持つ一級建築士の案内で，ドイツ国内を車で2,800km視察して巡った。他に上場電機会社の部長とご一緒に4人，理科系に縁のないのは私だけという珍道中である。

(1) メルヘン街道の木造の家

到着して最初に訪れたメルヘン街道の田舎町アルスフェルト（人口：16,000人）で，最初に出会った民家を見てホッとした。というのは，出発前，私の目的を聞いた仲間たちは，「石造りの家を見て日本の参考になるの？」と，一様に懐疑的だったからだ。

しかし実際に見た，そこに住む普通の人々の家々は，石造りの基礎の上に日本でいう木造軸組み工法でしっかりと建てられた，いわゆる木造の家だった(**写真1**)。折りしも2013年はグリム童話出版200年記念の年，通りすがりの庭先には，ブレーメンの音楽隊のモニュメントが，ごく自然な風情で飾られていた(**写真2**)。今日はクリスマス・イヴ，静かに過ごす町の様子をうかがいながら，夜分遅くなのでお宅を訪問できないのが残念だった。

(2) 東欧に程近い古都ドレスデンの減築事例

かつて「百塔の都」とうたわれたザクセン州の州都ドレスデンは，第二次大

わが国の空き家問題（＝地域の空洞化）を克服するために―ドイツの実例に学ぶ―

写真1

写真3

写真2

写真4

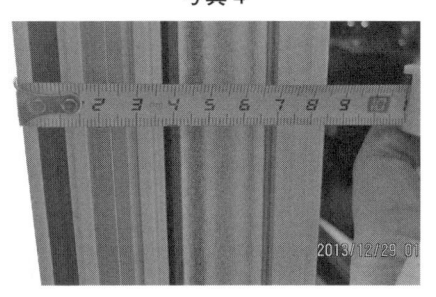

写真5

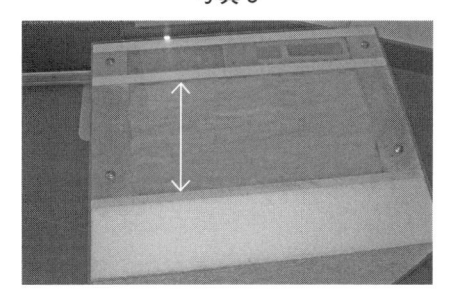

写真6

戦で破壊された古都を再生することに尽力し，旧東ドイツ域内では例外的に人口減少を免れている。しかし，東西分裂時代に郊外に建設されたゴルビッツという大規模な住宅団地は，統合後，周辺工場の転出問題に直面し，住宅市場の需給を改善させる必要があったようで，住宅ストック数を計画的に減少させるいわゆる減築の事例として取り上げられている。

野村総合研究所のレポートによると，市街地の再生で手一杯のドレスデン市は，2006年，アメリカのインベストメント・グループに対し48,000戸を売却し，その売却条件として，民営化後の住宅保有会社に，集合住宅の再整備に際して一定の減築をする社会憲章の遵守を義務づけている。実際にこの公営住宅の民営化により，売却前は18％だった空室率が，売却後には13.8％にまで改善したと報告されている。

写真3，写真4は，中層棟を低層棟に減築した上で，従来の躯体に大きなベランダを張り巡らせた改修事例である。

(3) ケルン・メルキュールホテルの断熱窓

大聖堂で知られている文化都市ケルンは，ナポレオン軍占領時代に，フランス軍が妻や恋人のために持ち帰った「ケルンの水＝オーデコロン」でも有名だ。

ここで宿泊したメルキュールホテルの窓は，断熱効果抜群。あまりの快適さに部屋の断熱窓枠を計ってみたら，なんと幅員8.5cmだった（写真5）。

同じ日に訪れたケルン市内の住宅展示場の断熱壁の厚さもご覧の通り（写真6）。スケールがないのでわかりにくいが，白線の部分がおよそ10cm超のグラスファイバーで，水分に弱いのでしっかり両側をPC版で囲われているが，これも断熱性能が極めて高い。

(4) ケルン市内の住宅展示場の断熱窓効果説明

図2は，断熱窓の施工前後の，住宅一棟当たりの年間燃料消費量の比較を表したものである。

わが国の空き家問題（＝地域の空洞化）を克服するために─ドイツの実例に学ぶ─

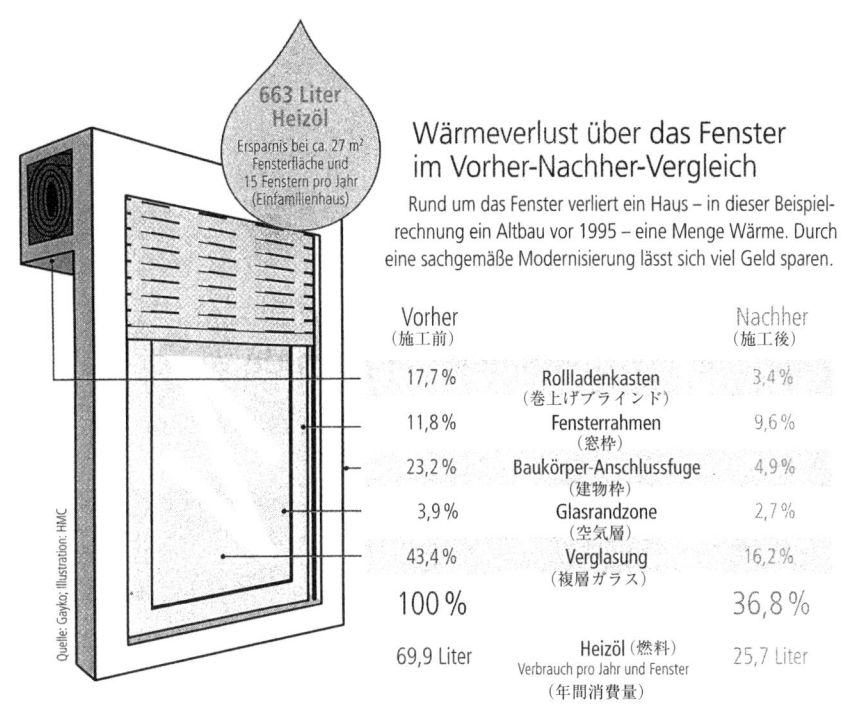

663 Liter Heizöl
Ersparnis bei ca. 27 m² Fensterfläche und 15 Fenstern pro Jahr (Einfamilienhaus)

Wärmeverlust über das Fenster im Vorher-Nachher-Vergleich

Rund um das Fenster verliert ein Haus – in dieser Beispielrechnung ein Altbau vor 1995 – eine Menge Wärme. Durch eine sachgemäße Modernisierung lässt sich viel Geld sparen.

Vorher（施工前）		Nachher（施工後）
17,7 %	Rollladenkasten（巻上げブラインド）	3,4 %
11,8 %	Fensterrahmen（窓枠）	9,6 %
23,2 %	Baukörper-Anschlussfuge（建物枠）	4,9 %
3,9 %	Glasrandzone（空気層）	2,7 %
43,4 %	Verglasung（複層ガラス）	16,2 %
100 %		36,8 %
69,9 Liter	Heizöl（燃料）Verbrauch pro Jahr und Fenster（年間消費量）	25,7 Liter

Quelle: Gayko, Illustration: HMC

図2　年間燃料消費量の節約量：663ℓ
（一棟当たり窓15枚，合計窓面積27m²として）

　それによると，図に示すような1.8m²の大きさの窓一枚当たり，断熱窓施工前の年間燃料消費量69.9リットルが施工後には25.7リットルに減少し，都合窓一枚当たり年間44.2リットルの燃料が節約される。因みに窓を構成する部材ごとの省エネ効果は図の％に示すとおりだが，窓全体の年間燃料消費量は施工前のおよそ1/3になる計算だ。

　そして，ドイツの標準的な家は，このような窓を15枚，一棟合計27m²の窓面積を有しているので，そのすべてを断熱窓に施工することによって，年間に節約される燃料消費量はおよそ663リットルにも及ぶ。これに，壁や屋根裏，床下への断熱材投入などの一連の省エネ工事効果を合わせると，前述の通り，一世帯当たり年間20～25万円の光熱費が節約できる計算だ。

第2部　都市の空き家を考える

写真7

写真8

(5) 結　び

　1919年，ドイツ憲法に世界で始めて社会権を盛り込んだ文化都市ワイマールで，同じ年に国立の芸術造形学校「バウハウス」が創設された。バウは「建築」，ハウスは「家」の意であり，文字通り建築やデザインに関する総合的な研究機関である。1924年には，さらに自由な活動拠点を求めワイマールよりベルリンに近いデッサウの街に移転（**写真7**）．そこで全盛期を迎えて，20世紀にわたり世界中の建築・デザインに大きな影響を与えるに至った。学校の活動期間は1933年までで，当時のナチスドイツに弾圧を受けて解散に追い込まれ，大戦後は需要が拡大したアメリカの産業デザインに影響力を及ぼしている。

　また，デッサウにはバウハウスとともに，全館省エネ・創エネ技術を駆使して2005年に完成した，ドイツ連邦環境庁（略称UBA）の建物がある。クリスマス休暇のため見学は出来なかったが，最先端の環境技術を駆使したこのカラフルな建物（**写真8**）は今，全世界の注目の的になっている。

　今も首都ベルリンに残る，1990年冷戦終結の壁跡に見知らぬ誰かが描いたペンキ画（**写真9**）は，世界に向けて発信するドイツの熱い魂のように輝いていた。

　昔から，日本人の中には，「日本人とドイツ人は性格が似ているところがある」と信じている人が多い。その真偽は別として，「日本人とドイツ人は双方ともモノづくりと自然を大切にする」という特徴は，どうも共通のものがあるよう

わが国の空き家問題（＝地域の空洞化）を克服するために—ドイツの実例に学ぶ—

写真9

だ。であるとすれば，前掲の『国土の長期展望』で指摘された，わが国の空き家問題（＝地域の空洞化）を克服するために，この共通の特徴を持つ友邦の知見を活用する時期が到来したように思えてならない。

結びに，「バウハウス」の創設宣言書の言葉を紹介して本章の締めとしたい。
「すべての造形活動の最終目標は建築である。」

〈参考文献〉
藤田宙靖著『西ドイツの土地法と日本の土地法』
村上　敦著『キロワットアワー・イズ・マネー』，同『フライブルクのまちづくり』
野口悠紀雄著『戦後日本経済史』
田鎖郁男・金谷年展著『家，三匹の子ぶたが間違っていたこと』
（公社）ロングライフビル推進協会編『建物の耐用年数ハンドブック』
小松幸夫 著（早稲田大学論文）『住宅寿命について』
野村総合研究所編『人口減少先行国ドイツにおける減築の実際と課題』
その他，国土交通省，総務省の統計資料

＊なお，本稿の執筆ならびにドイツ視察の旅に関して，㈱アーキファイブ代表取締役の小俣光一氏（一級建築士），エネクスレイン代表の小室大輔氏（一級建築士）のお二人から多くの情報と，公私にわたるご助力を頂戴しました。ご両名のサポートがなければ本稿は日の目を見ることはなかったと深く感謝致しております。また，ドイツでご一緒した，三菱電機株式会社部長の庄子信利様から現地で貴重なアドヴァイスを頂戴しました。様々な道程で，皆様からいただいたお心遣いに対して心から御礼申し上げます。ありがとうございました。

野呂瀬秀樹Ⓒ

都市の空閑地・空き家を考える　　　　　　　　　　　　　ISBN978-4-905366-35-5　C3036

2014 年 9 月 20 日　印刷
2014 年 9 月 30 日　発行

編著者　浅見　泰司

発行者　野々内邦夫

発行所　株式会社プログレス　〒160-0022　東京都新宿区新宿 1-12-12-5F
　　　　　　　　　　　　　　電話 03(3341)6573　FAX03(3341)6937
　　　　　　　　　　　　　　http://www.progres-net.co.jp　E-mail: info@progres-net.co.jp

＊落丁本・乱丁本はお取り替えいたします。　　　　　　　　　　　　モリモト印刷株式会社

本書のコピー，スキャン，デジタル化等の無断複製は著作権法上での例外を除き禁じられています。本書を代行業者等の第三者に依頼してスキャンやデジタル化することは，たとえ個人や会社内での利用でも著作権法違反です。

PROGRES プログレス

*各図書の詳細な目次は，http://www.progres-net.co.jp よりご覧いただけます。

日本図書館協会選定図書

[検証]大深度地下使用法
● リニア新幹線は、本当に開通できるのか!?
平松弘光（島根県立大学名誉教授） ■本体価格3,000円＋税

不動産がもっと好きになる本
● 不動産学入門
森島義博（不動産鑑定士） ■本体価格2,400円＋税

建物利用と判例
● 判例から読み取る調査上の留意点
黒沢　泰（不動産鑑定士） ■本体価格4,400円＋税

土地利用と判例
● 判例から読み取る調査上の留意点
黒沢　泰（不動産鑑定士） ■本体価格4,000円＋税

工場財団の鑑定評価
黒沢　泰（不動産鑑定士） ■本体価格3,600円＋税

▶実例でわかる◀
特殊な画地・権利と物件調査のすすめ方
黒沢　泰（不動産鑑定士） ■本体価格3,800円＋税

不動産私法の現代的課題
松田佳久（創価大学法学部教授） ■本体価格4,000円＋税

土壌汚染リスクと土地取引
● リスクコミュニケーションの考え方と実務対応
丸茂克美／本間　勝／澤地塔一郎 ■本体価格3,200円＋税

事例詳解　広大地の税務評価
● 広大地判定のポイントと53の評価事例
日税不動産鑑定士会 ■本体価格3,000円＋税

定期借地権活用のすすめ
● 契約書の作り方・税金対策から事業プランニングまで
定期借地権推進協議会 ■本体価格2,600円＋税

Q&A　借地権の税務
● 借地の法律と税金がわかる本
鵜野和夫（税理士・不動産鑑定士） ■本体価格2,600円＋税

▶不動産取引における◀
心理的瑕疵の裁判例と評価
● 自殺・孤独死等によって、不動産の価値はどれだけ下がるか？
宮崎裕二（弁護士）／仲嶋　保（不動産鑑定士）
難波里美（不動産鑑定士）／髙島　博（不動産鑑定士） ■本体価格2,000円＋税

マンション再生
● 経験豊富な実務家による大規模修繕・改修と建替えの実践的アドバイス
大木祐悟（旭化成不動産レジデンス㈱マンション建替え研究所） ■本体価格2,800円＋税

▶起業者と地権者のための◀
用地買収と損失補償の実務
● 土地・建物等および営業その他の補償実務のポイント118
廣瀬千晃（不動産鑑定士） ■本体価格4,000円＋税

▶不動産投資のための◀
ファイナンス入門
前川俊一（明海大学不動産学部教授） ■本体価格3,300円＋税

▶空室ゼロをめざす◀
【使える】定期借家契約の実務応用プラン
● 「再契約保証型」定期借家契約のすすめ
秋山英樹（一級建築士）／江口正夫（弁護士）／林　弘明（不動産コンサルタント） ■本体価格3,600円＋税

Q&A　▶不動産投資における◀
収益還元法の実務
● 計算問題でマスターする収益価格の求め方
高瀬博司（不動産鑑定士） ■本体価格3,800円＋税

不動産鑑定評価基本実例集
● 価格・賃料評価の実例29
吉野　伸（不動産鑑定士）／吉野荘平（不動産鑑定士） ■本体価格4,000円＋税

[実践]不動産評価マニュアル
● 不動産コンサルティングのための上手な価格査定のすすめ方
藤田浩文（不動産鑑定士） ■本体価格2,500円＋税

賃料[地代・家賃]評価の実際
田原拓治（不動産鑑定士） ■本体価格4,200円＋税